人格与行为修养
——活动方案设计

扈坪坪　主　编

科学出版社
北　京

内 容 简 介

本书是依据《中等职业学校德育大纲（2014 年修订）》文件精神，参照教育部 2015 年修订的《中小学生守则》和 2016 年发布的《中等职业学校学生公约》，在广泛调研企业对中职生的职业素养要求的基础上，对中等职业学校长期德育教育实践进行总结提炼的成果。

本书内容围绕立志、乐学、环保、创新、孝顺、诚信、文明、向善、自爱、自信等基本素养，以主题班会与综合实践活动的形式呈现。

本书可作为中等职业学校一年级、二年级学生德育主题班会与实践教育活动的教材，也可作为德育工作者的参考书。

图书在版编目（CIP）数据

人格与行为修养：活动方案设计/扈坪坪主编. —北京：科学出版社，2018.9

ISBN 978-7-03-058315-4

Ⅰ.①人… Ⅱ.①扈… Ⅲ. ①人格-青少年教育-研究 Ⅳ.①B825

中国版本图书馆 CIP 数据核字（2018）第 164464 号

责任编辑：蔡家伦 王会明 / 责任校对：王万红
责任印制：吕春珉 / 封面设计：东方人华平面设计部

科学出版社 出版
北京东黄城根北街 16 号
邮政编码：100717
http://www.sciencep.com
新科印刷有限公司 印刷
科学出版社发行 各地新华书店经销
*
2018 年 9 月第 一 版 开本：787×1092 1/16
2021 年 7 月第四次印刷 印张：8 1/2
字数：200 000

定价：25.00 元

（如有印装质量问题，我社负责调换〈新科〉）
销售部电话 010-62136230 编辑部电话 010-62135397-2008

本书编委会

主　编　扈坪坪

主　审　胡学兰

参　编　赖伟梅　朱　琳　李红霞　叶桂桃

周冬亮　吴燕珊　刘宏珍　金　山

前　言

为贯彻落实教育部《中等职业学校德育大纲（2014 年修订）》文件精神，引导学生践行《中等职业学校学生公约》，进一步加强和改进新形势下中等职业学校的德育工作，不断提高中等职业学校德育工作的水平，我们组织编写了本书。

本书分为两个部分，第一部分包括 8 个模块，共 16 个活动，分别精选自多位一线班主任教师的主题班会课；第二部分包括 9 个活动，都是学生参与的实践活动。本书具有实践性强、可操作性强、针对性强的特点，旨在将学生的行为习惯和个人修养的养成结合起来，并贯穿到日常德育工作中，为提高德育工作的科学性和系统性提供有效的载体。

本书由广州市轻工职业学校主持编写，由扈坪坪担任主编，胡学兰担任主审。参与编写的人员有赖伟梅、朱琳、李红霞、叶桂桃、周冬亮、吴燕珊、刘宏珍、金山。具体编写分工如下：第一部分的模块一由赖伟梅编写，模块二由朱琳编写，模块三由李红霞编写，模块四由叶桂桃编写，模块五由周冬亮编写，模块六由扈坪坪编写，模块七由吴燕珊编写，模块八由刘宏珍编写；第二部分由金山编写。扈坪坪负责拟订大纲及统稿审订。

编者在编写本书的过程中得到了广州市教育研究院蒋亚辉主任、蒋淑雯教研员和梁东标书记的指导，以及广州市轻工职业学校校长胡学兰，学生科科长杨学忠、副科长梁洁昱等的指导和帮助，在此一并表示感谢。

本书是学校德育实践成果的汇集，还需在实践中不断完善。由于编者水平有限，加之时间仓促，书中不足之处在所难免，敬请广大读者批评指正。

编　者

2018 年 2 月

目　录

第一部分　主 题 班 会

第二部分　综合实践活动

第一部分 主题班会

“人格与行为修养”是一门德育实践课程，教师可通过国旗下讲话、班会课、专题讲座、社会实践活动等方式进行教学。本部分将围绕 8 个主题介绍班会课的活动设计，为组织学生开展主题班会提供参考。

模块一 立志向 有目标

活动一　我立志 爱中华
（一年级）

活动背景

习近平主席在第十二届全国人民代表大会第一次会议闭幕会上讲话时指出，“实现中国梦必须凝聚中国力量”。而爱国主义始终是把中华民族坚强团结在一起的精神力量。一年级中职生三年后将走上社会，他们将是全面建设小康社会、实现中华民族伟大复兴的生力军，直接关系到国家和民族的前途与命运。因此，我们把爱国主义教育作为班会课的重要选题，以促使学生树爱国之心，立报国之志。

活动目标

（1）认知目标：进一步了解中国悠久的历史、灿烂的文化、壮丽的河山、不屈的精神。

（2）情感目标：激发爱国热情，增强民族自豪感，牢固树立为中华民族的伟大复兴而努力奋发的坚定信念。

（3）行为目标：确立志向和目标，自觉学习，提高文化知识和技能水平，为将来报效祖国做准备。

活动准备

（1）教师制作课件，并购买奖品。

（2）学生搜集爱国志士的感人故事。

活动思考

在校学生的爱国情怀体现在哪些方面？

活动过程

一、欣赏祖国风景图片

世界上最美丽的画卷描绘的是祖国的大好河山；世界上最神圣的情感是对祖国的真挚爱恋。著名思想家别林斯基说过："谁不属于自己的祖国，那么他也就不属于人类。"中国是我们的母亲，是世界上最美丽、最伟大的母亲，她经历了 5000 多年的沧桑，哺育了 13 亿多的中华儿女。

投影展示：《壮美山河》幻灯片。

二、爱国知识抢答

爱国，包括爱祖国的大好河山、爱自己的骨肉同胞、爱祖国的灿烂文化、爱自己的国家。

爱国知识抢答赛的内容如下。

（1）教师出示《祖国知识知多少》题目。

（2）学生以抢答的形式参与活动（教师强调不准用手机搜索答案）。

（3）答对者获得奖品。

三、故事分享与讨论总结

故事 1

抗战军人之魂——张自忠①

如诗画般美丽的汉江，蜿蜒流淌在秦岭山脉的南麓，滋养着两岸勤劳朴实的人们，

在汉江流域传唱着一个抗战军人的壮歌。1940 年，日本侵略者的铁蹄搅扰了这片土地的安宁，一位军人带着他的部队溯江而上，迎着敌人的炮火，誓死抵抗，直至为国捐躯。这位军人就是张自忠，他被人民称为"抗战军人之魂"。

1940 年 5 月初，日军侵略者集结 30 万兵力，大举进攻枣阳、襄阳、宜昌等地。当时中国军队的第 33 集团军只有两个团驻守襄河西岸，率领这支部队的正是集团军总司令张自忠。面对比自己多出数倍的日军精锐部队，张自忠将军毫不退缩，坚持亲自率部投入战斗。在给各位将领的亲笔信上，张自忠郑重地写下了自己的誓言："国家到了如此地步，除我等为其死，毫无其他办法。更相信，只要我等能本此决心，我们国家及我五千年历史之民族，决不至亡于区区三岛倭奴之手。为国家

---

① 资料来源：http://qclz.youth.cn/zhzzh/wdld/201202/t20120210_1952007.htm. 有删改。

民族死之决心，海不清，石不烂，决不半点改变。”

14日，张自忠率领的部队与日军发生遭遇战。激战至15日，张自忠在南瓜店十里长山被敌人包围。此时，他手中可战之兵仅有1500余人，而包围的日军则有五六千人。张自忠手臂已经中弹，部下数次建议他转移突围，他说：“今日是我报国时矣。”他喝令部下退下，继续坚持指挥战斗。

悲壮的一刻定格在1940年5月16日16时。因为敌众我寡，力量相差悬殊，张自忠将军最终战死在山脚下，成为全面抗日战争以来以上将衔集团军总司令职亲临前线、战死沙场的第一人。

据后来公布的战报，张自忠将军在生命的最后时刻，全身被数弹洞穿，也没有倒下，仍面对日军挥舞着早已无弹的手枪。在日军的战史资料中有这样一段记录：“第四分队的藤冈一等兵端着刺刀向一个指挥官模样的大个子军官冲去，此人从血泊中猛然站起，眼睛死死盯住藤冈，在冲出不到3米的距离时，藤冈一等兵从对方的眼光中感到一种说不出来的威严，竟不由自主地愣在原地。这时，第三中队队长堂野射出一枪，击中大个子军官的额头，藤冈方才反应过来，用刺刀穿入了他的左肋。在这一刺之下，这个高大的身躯再也支持不住，像山体倒塌似的，轰然倒地。”

消息传来，社会各界为之震动。5月23日，宜昌10万人民倾城出动，为张自忠送行。1940年8月15日，在延安为张自忠举行了隆重的追悼大会，毛泽东、朱德、周恩来分别为他题写了“尽忠报国”“取义成仁”“为国捐躯”的挽词。

分享讨论：

（1）除了以上故事，你还有哪些爱国故事跟同学们分享？

（2）听了这些故事，你有什么感想？

师生总结：

在我国历史上，爱国主义从来都是凝聚人民思想感情的柱石。“天下兴亡，匹夫有责”，鼓舞了众多中华儿女。在祖国危难之时，为了心中的信念，无数爱国志士自觉承担起挽救祖国的重任，用生命和鲜血奏响了一曲曲动人的爱国乐章。古代有“精忠报国”的一代忠将岳飞，有“留取丹心照汗青”的忠臣文天祥；近代有“横眉冷对千夫指”的文坛将领鲁迅，有“宁愿站着死，不愿跪着生”的巾帼英雄刘胡兰……这些人在国家需要的时候，勇于担起重任，将国家、人民的生命与自己的生命牢牢牵系在一起。

故事2

永远的丰碑——钱学森[①]

2009年10月，忠诚的共产主义战士、享誉海内外的杰出科学家、我国航天事业的奠基人、一代科学巨匠钱学森走了，他是中华民族永远的丰碑，永远鼓舞着我们向前进。

钱学森曾被评为“2007感动中国年度人物”。“感动中国”组委会授予钱学森的颁奖

① 资料来源：http://blog.gxnews.com.cn/u/45339/a/356860.html. 有删改。

词如下："在他心里，国为重，家为轻，科学最重，名利最轻。5 年归国路，10 年两弹成。开创祖国航天，他是先行人，披荆斩棘，把智慧锻造成阶梯，留给后来的攀登者。他是知识的宝藏，是科学的旗帜，是中华民族知识分子的典范。"

钱学森身上流淌着老一辈科学家的爱国主义热忱，他毅然放弃了在美国的优厚待遇，回来报效百废待兴的祖国，表现出中华儿女不可冒犯的凛然正气。

钱学森凭着他的聪明才智，年轻时就成为世界航空航天领域的一流学者。回国后，他克服了一个又一个的困难，在祖国的航天事业及"两弹一星"研发工作中做出了重要贡献，先后被授予"两弹一星功勋"奖章、"一级英雄模范"奖章、"国家杰出贡献科学家"荣誉称号。

"当年我离开美国，是被驱逐出境的，按美国法律规定，我是不能再去美国的。美国政府如果不公开给我平反，今生今世决不再踏上美国国土。"改革开放后，美国曾一度邀请钱学森去美国访问，并表示可以授予他美国工程院院士称号，钱学森拒绝了，表现了一个中国人的铮铮铁骨。

"我姓钱，但我不爱钱。"在金钱名利上，钱学森从不计较，坚持不题词、不为人写序、不参加鉴定会，却把获得霍英东"科学成就终生奖"与何梁何利基金奖的 200 万港元，捐给祖国西部的沙漠治理事业，体现了一种淡泊名利的高风亮节。

钱学森是一座高耸入云的永远的丰碑，给我们留下了很多宝贵的精神财富。

钱学森是一面镜子，当前社会上不乏居功自傲、自高自大之人，在这个时候，对照钱学森光辉的一生，我们要永远保持谦虚谨慎的态度。

钱学森是人们终生受用的一本"书"。我们一生都要学习钱学森崇高的爱国主义情怀、勇攀高峰的不屈不挠的精神及做人的道理，做一个高尚的、为中华民族伟大复兴而奋斗终生的人。

分享讨论：

（1）从爱国与责任的角度谈谈你的理想和志向，以及如何实现自己的理想和志向。

（2）跟同学们分享你立下的目标，并谈谈在接下来的学习生活中如何行动。

师生总结：

在校的学生应如何做才算是真正的爱国？首先，要立志，确立正确的价值观，是一切理想追求的前提和基础。其次，要认清现状，努力发展自己，踏踏实实地学习知识，掌握技能，锻炼能力。对于没有知识、没有本领的人，爱国只能是一句空话。最后，要锻炼身体、珍爱生命、磨炼意志，养成良好的学习、生活、工作习惯。

让我们把自己的爱国热情投入到学业中去，认真对待每一天的学习，做好自己分内的事，真正把爱国之志化为报国之行。

活动延伸

国旗下讲话活动：齐诵《少年中国说》。

活动反馈

一、选择题

1. 中华民族精神的核心是（　　）。
A. 团结统一　　B. 爱国主义　　C. 自强不息
2. 2006 年 7 月 1 日，世界上海拔最高、线路最长的（　　）全线建成通车。
A. 青藏铁路　　B. 京九铁路　　C. 兰新铁路
3. 东汉时期（　　）发明的地动仪是世界上最早的地震仪。
A. 沈括　　B. 张衡　　C. 祖冲之
4. 在鸦片战争中，主持虎门销烟的爱国英雄是（　　）。
A. 关天培　　B. 林则徐　　C. 左宗棠
5. 世界最长的古代运河是（　　）。
A. 巴拿马运河　　B. 苏伊士运河　　C. 京杭运河
6. 世界上规模最大、保存最完好的佛教艺术宝库是（　　）。
A. 龙门石窟　　B. 云冈石窟　　C. 敦煌石窟
7. 近年来我国的计算机制造业迅猛发展，目前（　　）集团已经成为全球第三大个人计算机制造商。
A. 联想　　B. 方正　　C. 海尔
8. 我国领土的最西端在（　　）。
A. 青藏高原　　B. 帕米尔高原　　C. 乔戈里峰
9. 钓鱼岛从（　　）开始就明确为我国的领土。
A. 明朝　　B. 唐朝　　C. 元朝
10. 中共中央总书记习近平所定义的“中国梦”是指（　　）。
A. 综合国力排全球第一　　B. 实现中华民族的伟大复兴
C. 国内生产总值跃居世界第一　　D. 成为超级大国

二、问答题

谈谈本次活动后你的收获（特别是思想和认识方面的改变）。

活动评价

针对学生完成活动的情况，填写课堂表现测评表和每月行为表现测评表。

课堂表现测评表

测评项目	分值	自我评分	小组评分	教师评分
课堂出勤	20			
发言积极性	20			
课堂过程参与度	20			
团队合作表现	20			
完成测试情况	20			

每月行为表现测评表

<table>
<tr><th>测评项目</th><th colspan="2">分值</th><th>自我评分</th><th>小组评分</th><th>教师评分</th></tr>
<tr><td>按时参加周一的升旗仪式</td><td colspan="2">20</td><td></td><td></td><td></td></tr>
<tr><td>文明用语，举止得体</td><td colspan="2">20</td><td></td><td></td><td></td></tr>
<tr><td>不做有损中国尊严的事情</td><td colspan="2">10</td><td></td><td></td><td></td></tr>
<tr><td>遵守纪律情况（出勤）</td><td colspan="2">10</td><td></td><td></td><td></td></tr>
<tr><td>学习态度</td><td colspan="2">10</td><td></td><td></td><td></td></tr>
<tr><td>参加体育锻炼情况</td><td colspan="2">10</td><td></td><td></td><td></td></tr>
<tr><td>参加劳动情况</td><td colspan="2">10</td><td></td><td></td><td></td></tr>
<tr><td>仪容仪表</td><td colspan="2">10</td><td></td><td></td><td></td></tr>
<tr><td>基本分合计</td><td colspan="2">100</td><td></td><td></td><td></td></tr>
<tr><td>加分项（每次加 3～5 分）：
1．好人好事
2．参加志愿者服务或各种公益活动
3．协助班主任或学生科完成临时工作
4．及时向班主任反映并主动协助处理班级突发事件，避免事态扩大（加 20 分）
5．参加比赛获奖
6．其他</td><td>加分理由</td><td>加分值</td><td></td><td></td><td></td></tr>
<tr><td>减分项（每次减 3～5 分）：
1．对他人有语言、文字或行动上的不文明行为（严重的减 10～20 分）
2．违反考勤纪律（按具体考勤制度减分）
3．违反仪容仪表的规定
4．违反考场纪律
5．抽烟、酗酒、打架、私自乱拉电线或违规使用电器（严重的每次减 20 分）
6．破坏公物，拒绝赔偿（每次减 20 分）
7．其他</td><td>减分理由</td><td>减分值</td><td></td><td></td><td></td></tr>
</table>

活动二　我立志 兴中华
（二年级）

活动背景

在新形势下，加强对学生的爱国主义教育是中等职业学校德育工作的重中之重。二年级中职生两年后将走上社会，他们要在社会上立身，首先必须是一个爱国明志的人。因此，我们把爱国主义教育作为班会课的重要选题，以促使学生树爱国之心，立报国之志，践兴国之行。

活动目标

（1）认知目标：更加全面地认识祖国，了解爱国的含义。

（2）情感目标：增强爱国情感和振兴祖国的责任感。

（3）行为目标：确立志向和目标，自觉学习，提高文化知识和技能水平，把爱国之志变成报国之行。

活动准备

（1）教师制作课件。

（2）学生搜集爱国志士的感人故事。

活动思考

在校的学生如何做才能算是真正的爱国？

活动过程

一、欣赏奥运会精彩片段

大家一定还记得里约奥运会，让我们一起重温一下我国运动员在赛场上的精彩瞬间。

（1）投影展示：奥运会精彩瞬间视频。

（2）分享讨论：跟同学们分享里约奥运会中最令你难忘的情景。

（3）教师点评：奥运赛场是一个竞技场，也是一个展示个人魅力和团队精神的舞台，它把一个国家的精神和力量，用短短的 20 天时间，呈现在世界面前。傅园慧那幽默却充满智慧和个性的回答令人忍俊不禁；徐莉佳三轮成绩被取消仍然淡然处之；“林李大战”时的英雄相惜；而最自豪、最霸气的当属中国女排。女排夺冠，人们谈论最多的是女排精神，郎平在答记者问时说了这样一句话："女排精神一直在，单靠精神不能赢球，还必须技术过硬。"

（4）议一议：谈谈你对郎平这句话的理解。

二、分享名人爱国故事

（1）学生把自己搜集的名人爱国故事跟同学们分享。

（2）学生谈谈听了这些故事后的感想。

（3）教师点评：中华民族是一个英雄的民族，古往今来涌现出许多仁人志士爱国的故事，无论是精忠报国的岳飞，还是虎门销烟的林则徐；无论是西安事变的张学良，还是两弹元勋邓稼先，无不表现出在祖国危急存亡关头勇敢地挺身而出，以身卫国的大无畏的英雄气概。战争年代保家卫国、和平时期建设祖国，都是爱国的表现。

三、辨析爱国图片

投影展示图片（教师自备，包括理性的爱国行为图片和非理性的爱国行为图片），判断这些行为是否是爱国行为。

四、故事分享与讨论总结

故事1

血的教训——坚决抵制非理性爱国①

2012年9月22日，51岁的西安市民李建利原本是家里的顶梁柱，但是现在，他只能在医院神经外科的病房里僵直地躺着。

李建利的左腿和左臂开始恢复部分活动能力，但身体的整个右侧麻木瘫软，右腿只能迟缓地蜷缩，右臂和右手则完全不听使唤，除此之外，他的语言能力也受损严重，一次仅能说出一两个字的短语，如"谢谢""饿"。

幸运的是，在重症监护室三天之后，他的意识基本清醒过来，一想到自己在2012年9月15日的遭遇，眼眶便红了，无声地流出泪来，左手不太灵活地擦拭着。

那天15:30，他被人用一把U形钢锁重击头部，在头顶偏左的位置，颅骨被砸穿，当即倒地昏迷，浓稠的血与脑浆不断涌出，很快，嘴里也开始吐出血沫。

李建利遭此厄运，只是因为他开着一辆日系车。

15日一早，李建利开着他的丰田卡罗拉，带着妻子、大儿子和准儿媳，赶到北郊的建材市场选装修材料，下午往回走，车子开到环城西路北段，遇到了反日示威的人群。

按照以往西安反日示威活动的规律，他们原本以为，城墙外应该是安全的，示威抗

① 资料来源：http://bbs.tiexue.net/post2_6303925_1.html?2831525B06C4. 有删改。

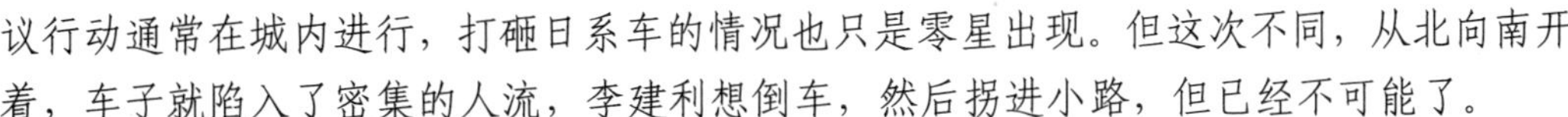

议行动通常在城内进行，打砸日系车的情况也只是零星出现。但这次不同，从北向南开着，车子就陷入了密集的人流，李建利想倒车，然后拐进小路，但已经不可能了。

李建利的妻子王女士发现，前面似乎有十几个人在砸车。很快，砸车的人群便来到了眼前，那些人手里拿着棍棒、砖块、钢锁，情绪亢奋，开始对卡罗拉动手。

“我们下了车，在两边站着，想看看能不能劝他们不要砸。”王女士一个劲地跟周围的人说着好话，“都是老百姓辛辛苦苦攒钱买的车，别砸行不行，我们买日本车不对，以后不买日本车了，好不好。”

这时车子另一边出了状况，王女士回头一看，丈夫倒在车头前，头顶血流如注，她马上扑过去，扶起丈夫的头，不知如何是好，顿时大脑一片空白，痛哭起来。

对两旁密集的示威者和围观者来说，这一变故也超出了想象。十几个砸车人继续去寻找新的目标，一些围观者在拍照，有人建议打120，有好心人递来一卷卫生纸，王女士拿着它按在丈夫的头顶，但血浆仍然不断地流，很快染红了一片地面。

一名红衣男青年跑过来，提醒王女士，就算打120，救护车也开不过来，赶快到对面拦车，送伤者去医院，否则有生命危险。

环城西路的内环车道尚且畅通，男青年、王女士、李斌三人抬着李建利来到马路对面，恰好有辆空驶出租车经过，男青年拦住车，用吼的方式问司机：“拉不拉？”

司机看着他们和满头是血的伤者，愣了几秒钟，一点头：“拉。”

李建利横躺在后座，王女士捂着伤口，出租车匆忙出发。可是，只前进了500多米，路上的人又多了起来，出租司机把头探出窗外，高声向正在城门外执勤的警察求援，一位20多岁的莲湖支队交警跑过来，坐到副驾驶的位置，说：“打开双闪，我帮你们开道。”同时联络其他警察赶快疏通道路。

出租车开到医院急诊处，王女士在满是鲜血的提包里找钞票付车费，司机急了：“都什么时候了，救人要紧，车钱不要了。”

“挺对不住那个司机的。”王女士在病床旁边念叨了好几次，“车后座都是血，司机得清理好一阵子吧，给人家添了多大的麻烦。”

好心人的帮助让王女士感动，这也是留在她内心的一点慰藉，但行凶者和打砸者的行为让她困惑，“他们为什么对自己人动手”，王女士想了好几天，还是想不通。

闲下来的时候，王女士总在说：“要是我们晚到半个小时，砸车的那拨人就从玉祥门往城里走了，那样的话，我们就碰不上他们，唉，我的心，悔得呀。”

她的丈夫李建利一向很珍惜这辆车，冒险阻挡了一下。大儿子李斌事发时和李建利站在车的同一侧，他看到父亲试图让砸车者改变主意，对他们说：“我也是中国人，我也保钓爱国……”这句话被两记重击无情截断。通常用在摩托车上的U形钢锁成了致命凶器，将李建利的颅骨砸了一个V字形下陷的洞，在X光片中清晰可见，在手术台上，医生从这个伤口中清理出数枚碎骨。

参与救助的男青年名叫韩宠光，河北邯郸人，在西安的一家机电广场租了摊位，做五金生意。他是一个性情中人，富有正义感，行动力强，平时热心公益。他和几个朋友特意做了统一的红色衣服，组成“义工之家”，为贫困地区的孩子、残障人士和弱势群体服务。遇到紧急情况，他也爱见义勇为。这次反日示威，他目睹了事件中令人沮丧、难过、费解的一面，看到了无理性宣泄的可怕。

经历了这次事件，韩宠光和很多人一样，深感理性、善良、正义的宝贵，在多数人围观、少数人打砸的状况下，站出来劝说、救人，需要强大的内心。在救人的路上，韩宠光也曾感觉势单力孤，搀扶李建利之前，他大声向围观人群求援，但无人响应。

师生总结：

中国离不开世界，世界也离不开中国。全球化时代国与国之间既有合作，也有竞争，存在着各种利益摩擦与矛盾冲突。出于各种原因，国际上总有一些人不愿中国富强，他们希望看到一个封闭、动荡、发展停滞的中国，希望民众的爱国热情向非理性的方向发展，从而扰乱中国的社会秩序，并最终达到遏制中国走向富强的目的。面对当前复杂的国际形势，一旦我们处理不当，就会为中国的和平发展树立障碍，正好中了反华势力的圈套。因此，我们要杜绝非理性爱国。

故事 2

茅以升立志造桥①

1937 年，在浩浩荡荡的钱塘江上，由中国人主持修建的第一座现代化大桥——钱塘江大桥，巍然屹立在江上。它向全世界宣告：中国人不能造现代化大桥的谣言彻底破灭了。主持和设计修建这座钱塘江大桥的就是我国著名科学家、桥梁专家茅以升。

茅以升是怎样走上造桥之路的呢？这要从他的童年（1906 年）说起。

每年端午节，在南京秦淮河上，总要举行热闹的龙舟比赛。这年端午节的前一天，茅以升就同小伙伴们约好第二天去秦淮河看比赛。不料端午节清晨，他胃病犯了，疼得额头直冒虚汗，妈妈说什么也不让他去。茅以升只好待在家里，可他的心早飞到秦淮河上去了。他盼望着小伙伴们早些回来向自己介绍比赛的盛况。

傍晚，一位小伙伴看完龙舟比赛，气喘吁吁地来到茅以升的床前：“不好了，秦淮河出事了！比赛的人太多，把文德桥压塌了！”

① 资料来源：https://zuciwang.com/zuowen/8431858.html. 有删改。

茅以升细一打听，才知道这天在文德桥上，挤满了黑压压的观众，因为人太多，把桥挤塌了，不少人落入江中，思益学堂里的一个学生就差点淹死在那里。

“幸亏你没去，要是去了，说不定也掉到河里去了!”这位小伙伴庆幸地说。

这不幸的消息，在茅以升心里激起千层巨浪，他的眼前出现了文德桥下人们落水呼救的惨景。10 岁的茅以升两眼含满了泪花，激动地说：“我长大了一定要学会造桥，为大家造最结实的桥，决不像文德桥这样!”

父亲在一旁听后，走过来称赞他说：“好啊，小小年纪就有不凡之志!”

从此，茅以升十分留心各种桥梁。他跟大人外出，只要见到桥，总要注意观察桥面、桥桩，久久不肯离去。他在读诗文时，读到有关桥的句子或介绍，就立即摘抄在本子上，见到有桥的画面就剪贴起来。

有一天，爷爷给茅以升讲“神笔”的故事：古代有一位白发老人，他有一支神奇的笔。用它画鸟，鸟能在天上飞；用它画鱼，鱼会在水中游；用它画楼，高楼就平地而起……许多人渴望得到这支神笔，可谁也没得到过它，因为不知道它的“秘诀”!

茅以升缠着爷爷，央求他传授神笔的“秘诀”。爷爷用毛笔在茅以升的手心写了“勤奋”二字，语重心长地说：“这就是神笔的‘秘诀’。掌握了它，什么样的高楼大厦、铁路桥梁，都会在你的笔下出现……”

这以后，“勤奋”二字深深地铭刻在茅以升幼小的心灵里，茅以升把它看作自己渴望得到的神笔。

11 岁那年，勤奋好学的茅以升小学还没毕业，就考进了江南官立中等商业学堂。他是班上年龄最小的，但是每次考试总是名列前茅。

15 岁那年，茅以升从江南官立中等商业学堂毕业。为了实现造大桥的理想，他以优异的成绩考取了唐山路矿学堂，并选学了桥梁专业课。

1912 年秋天，孙中山先生视察唐山路矿学堂，发表了鼓舞人心的演说：“中国要富强，离不开交通运输，仅交通开发一项就要修十万英里铁路、一百万英里公路。希望大家努力学习筑路、造桥，承担起历史重任!”茅以升听后进一步意识到了自己肩上的重担。

1916 年，茅以升以全校第一名的成绩从唐山路矿学堂毕业；不久又以第一名的考试成绩，考取了清华学堂留美官费研究生。为了实现童年时的理想，他远渡重洋，赴美学习。

新中国成立以后，他担任过武汉长江大桥技术顾问委员会主任，主持修建了雄伟的武汉长江大桥，还撰写了桥梁方面的许多著作，为祖国做出了重大贡献。茅以升童年时的理想终于实现了!

师生总结：

爱国需要担当。青年学生是祖国的未来、民族的希望。作为在校生，爱学习、强技能，才是本分，也是爱国的前提。只有将爱国之心化为强国行动，才是真正意义上的爱国。

五、践兴国行

（1）确立目标：学生确立自己的目标（例如，近期目标：学习成绩、技能证书等；远期目标：职业定位与发展），并写在纸上。

（2）分享讨论：与同学分享自己立下的目标，并谈谈在接下来的学习生活中将如何行动。

活动延伸

参观爱国主义教育基地。

活动反馈

一、连线题

将下列事迹与其对应的人物连线。

精忠报国	林则徐
虎门销烟	张学良
西安事变	邓稼先
两弹元勋	岳飞

二、选择题

1．2018 年 10 月 1 日是中华人民共和国成立（　　）周年纪念日。

A．69　　B．60　　C．59　　D．58

2．在中华民族的历史上，从戚继光抗击倭寇到郑成功收复台湾，从三元里人民抗英到全民族抗日战争等，这些都表现了中华民族爱国主义优良传统中（　　）的精神。

A．维护祖国统一，促进民族团结

B．心系民生苦乐，推动历史进步

C．开发祖国山河，创造中华文明

D．抵御外来侵略，捍卫国家主权

3．1940 年 5 月，国民党军队中的爱国将领（　　），在湖北宜城抗击日寇的战斗中以身殉国，为中华民族的解放事业献出了宝贵的生命。

A．赵登禹　　B．佟麟阁　　C．张自忠　　D．葛振林

4．钓鱼岛从（　　）开始就明确为我国的领土。

A．明朝　　B．唐朝　　C．元朝

5．中共中央总书记习近平所定义的“中国梦”是指（　　）。

A．综合国力排全球第一

B．实现中华民族的伟大复兴

C．国内生产总值跃居世界第一

D．成为超级大国

三、问答题

谈谈本次活动后你的收获（特别是思想和认识方面的改变）。

活动评价

针对学生完成活动的情况，填写课堂表现测评表和每月行为表现测评表。

课堂表现测评表

测评项目	分值	自我评分	小组评分	教师评分
课堂出勤	20			
发言积极性	20			
课堂过程参与度	20			
团队合作表现	20			
完成测试情况	20			

每月行为表现测评表

<table>
<tr><th>测评项目</th><th colspan="2">分值</th><th>自我评分</th><th>小组评分</th><th>教师评分</th></tr>
<tr><td>按时参加周一的升旗仪式</td><td colspan="2">20</td><td></td><td></td><td></td></tr>
<tr><td>文明用语，举止得体</td><td colspan="2">20</td><td></td><td></td><td></td></tr>
<tr><td>不做有损中国尊严的事情</td><td colspan="2">10</td><td></td><td></td><td></td></tr>
<tr><td>遵守纪律情况（出勤）</td><td colspan="2">10</td><td></td><td></td><td></td></tr>
<tr><td>学习态度</td><td colspan="2">10</td><td></td><td></td><td></td></tr>
<tr><td>参加体育锻炼情况</td><td colspan="2">10</td><td></td><td></td><td></td></tr>
<tr><td>参加劳动情况</td><td colspan="2">10</td><td></td><td></td><td></td></tr>
<tr><td>仪容仪表</td><td colspan="2">10</td><td></td><td></td><td></td></tr>
<tr><td>基本分合计</td><td colspan="2">100</td><td></td><td></td><td></td></tr>
<tr><td rowspan="2">加分项（每次加 3～5 分）：
1．好人好事
2．参加志愿者服务或各种公益活动
3．协助班主任或学生科完成临时工作
4．及时向班主任反映并主动协助处理班级突发事件，避免事态扩大（加 20 分）
5．参加比赛获奖
6．其他</td><td>加分理由</td><td>加分值</td><td rowspan="2"></td><td rowspan="2"></td><td rowspan="2"></td></tr>
<tr><td></td><td></td></tr>
<tr><td rowspan="2">减分项（每次减 3～5 分）：
1．对他人有语言、文字或行动上的不文明行为（严重的减 10～20 分）
2．违反考勤纪律（按具体考勤制度减分）</td><td>减分理由</td><td>减分值</td><td rowspan="2"></td><td rowspan="2"></td><td rowspan="2"></td></tr>
<tr><td></td><td></td></tr>
</table>

续表

<table>
<tr><th>测评项目</th><th colspan="2">分值</th><th>自我评分</th><th>小组评分</th><th>教师评分</th></tr>
<tr><td rowspan="2">3．违反仪容仪表的规定
4．违反考场纪律
5．抽烟、酗酒、打架、私自乱拉电线或违规使用电器（严重的每次减 20 分）
6．破坏公物，拒绝赔偿（每次减 20 分）
7．其他</td><td>减分理由</td><td>减分值</td><td rowspan="2"></td><td rowspan="2"></td><td rowspan="2"></td></tr>
<tr><td></td><td></td></tr>
</table>

活动三　我乐学 勤阅读

（一年级）

活动背景

一年级中职生大多数对于学业现状认识不清，学习积极性不高，缺乏有效的学习认知。因此，学校有必要帮助他们正确分析自己所面对的学习主业，使他们乐于学习，为今后走好人生之路打下良好的基础。中职生应通过勤阅读、善阅读叩启学习大门，铺就精彩人生之路。

活动目标

（1）认知目标：认识阅读的重要性。

（2）情感目标：感知阅读的魅力，乐于学习，爱上阅读。

（3）行为目标：通过活动与分享，为自己制定新学年的学习和阅读目标，走上积极向上、不断进步的道路。

活动准备

（1）教师搜索与阅读相关的图片，准备阅读素材。

（2）学生分组，每组 4～6 人，依据学生的学业状况进行同质分组或异质分组。

（3）学生每人至少准备一张便利贴。

活动思考

（1）你热爱阅读吗？

（2）大量的课外阅读会影响你的专业学习吗？

（3）你上次读完一本书是什么时候？你的阅读频率如何？

活动过程

一、欣赏阅读图片

古往今来，无数圣贤的优秀篇章滋润、教育着后人，很多伟人、学者取得成就，就是得益于他们的广蓄博收，孜孜以读。古罗马政治家、演说家、法学家和哲学家西塞罗说得好："无知是智慧的黑夜，没有月亮、没有星星的黑夜。"一个没有广博知识的人，他的人生是苍白、无力的，是找不到智慧的方向的。因此，在我们还是懵懂少年时就要广泛地、勤奋地读书，并且要读好书，从书中汲取营养，增长知识。

（1）教师展示玩手机、玩电脑游戏等体现不读书状态的图片，表达不读书使人空虚的意思。

（2）教师展示优美的阅读环境、舒适的阅读姿势等表达阅读使人享受的意思的图片。

二、阅读和分享名人名言

古今中外，很多名人对于读书有着深刻的体会和独到的见解。教师搜集并与学生分享和阅读有关的名人名言，例如：

风声、雨声、读书声，声声入耳；家事、国事、天下事，事事关心。——顾宪成

读书好，好读书，读好书。——冰心

读书破万卷，下笔如有神。——杜甫

书山有路勤为径，学海无涯苦作舟。——韩愈

黑发不知勤学早，白首方悔读书迟。——颜真卿

读一本好书，就是和许多高尚的人谈话。——歌德

书籍是造就灵魂的工具。——雨果

世界上的伟大思想家和发明家，都是从书堆中进去，再从书堆中出来的。

——郁达夫

三、故事分享与讨论总结

故事1

鲁迅读书的故事

鲁迅小的时候，爱买书，爱看书，爱抄书。过年，鲁迅得到压岁钱后，总是舍不得花，而攒起来买书看。他不但喜欢书，而且很爱惜书，看书的时候，总是把桌子擦得干干净净，把手洗得干干净净。他还特意为自己准备了一只箱子，把各种各样的书整整齐齐地放在里面。鲁迅小时候养成的爱书如宝的好习惯，伴随他一生。他读过的书浩如烟海，购买的书仅据《鲁迅日记》上的"书账"统计，从1912

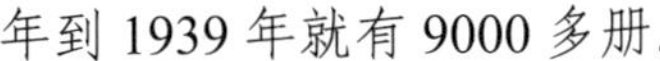

年到 1939 年就有 9000 多册。

分享讨论：

（1）鲁迅的读书习惯有哪些？

（2）你有哪些好的阅读习惯？

师生总结：

现代作家郁达夫曾说过："世界上的伟大思想家和发明家，都是从书堆中进去，再从书堆中出来的。"鲁迅先生爱阅读的故事很好地证实了这一点，看来成功一定是离不开勤奋阅读的。

故事 2

犹太人成功的秘密

犹太人好读书，爱看报。据有关统计，有约 1/5 的犹太人居住在以色列，在以色列，平均每 5 人就拥有一份《耶路撒冷邮报》，每个村镇都有环境幽雅的图书馆和阅览室，以色列人均占有图书馆和出版社数量居全球首位。犹太人的家教很重视读书。当孩子稍微懂事时，母亲就会翻开《圣经》，滴一点蜂蜜在上面，然后让孩子去吻《圣经》上的蜂蜜，使他们意识到书本是"甜"的，并从小爱书。犹太家庭的孩子几乎都要回答大人这样一个问题："有一种没有形态、没有颜色、没有气味，任何人都抢不走的宝贝，你知道是什么吗？"要是孩子回答不出来，大人就会告诉他："孩子，它比金子、宝石更值钱，只要你活着，它就永远跟着你，它就是智慧。"而获得智慧的便利途径就是阅读。

分享讨论：

犹太人成功的秘诀是什么？给你什么启示？

师生总结：

读书可以说是犹太人信仰的一部分。犹太人爱读书，而且是从小就爱读书，他们从小就被告知"生命会有终点，读书却永无止境"。因此，犹太人的阅读量非常大，对于他们来说，读书同粮食和水一样重要，读书是他们生活中不可或缺的一部分。很多犹太家庭的父母为了让子女读书，甚至不惜倾家荡产，他们把读书看成一种优良的习惯和美德。我们应该效仿犹太人，把读书当作生活的一部分，通过阅读增加知识储备量和提高自身修养。

故事 3

司马光早起读书

司马光小时候是一个贪玩贪睡的孩子，为此他没少受先生的责罚和同伴的嘲笑。在先生的谆谆教诲下，他决定改掉贪睡的毛病。为了早早起床，他睡觉前喝了满满一肚子水，结果早上没有被憋醒，却尿了床。于是，聪明的司马光用圆木头做了一个警枕，早上翻身，头滑落在床板上，自然就被惊醒了，从此他天天早早地起床读书，坚持不懈，终于成为一个学识渊博的人，并写出了《资治通鉴》。

分享讨论：

看了司马光的故事，你有什么感受？

师生总结：

司马光依靠坚强意志克服懒惰，勤奋努力求学，最终成为令人敬仰之人，正应了那句“吃得苦中苦，方为人上人”。

四、了解常见的读书方法

1. 泛读

泛读即广泛阅读，指读书的面要广，要广泛涉猎各方面的知识，具备一般常识。不仅要读自然科学方面的书，也要读社会科学方面的书。广泛地阅读古今中外各种风格的优秀作品，可以博采众家之长，开拓思路，并获得大量的知识。

2. 精读

精读是指要细读多思，反复琢磨，反复研究，边分析边评价，务求明白透彻，了然于心，以便吸取精华。阅读所学专业的书籍及名篇佳作应该采取这种方法。只有精心研究，细细咀嚼，才能将文章的“微言精义”愈挖愈出，愈研愈精。可以说，精读是最重要的一种读书方法。

3. 通读

通读即从头到尾通览一遍，意在读懂、读通、了解全貌，以求获得完整的印象，取得“鸟瞰全景”的效果。

4. 跳读

跳读是一种跳跃式的读书方法。可以把书中无关紧要的内容放在一边，抓住筋骨脉络，重点掌握各个段落的大意。读书时遇到疑问，反复思考不得其解时，也可以跳过去，继续向后读，就可前后贯通了。

5. 速读

速读是一种快速读书的方法，迅速浏览，了解大意即可。利用这种方法可以加快阅读速度，扩大阅读量。

6. 略读

略读指略观大意，抓住评论的关键性语句，弄清主要观点，了解主要事实或典型事例。而这一部分内容常常在文章的开头或结尾，所以重点看标题、导语或结尾，就可大致了解，达到略读目的。

7. 再读

再读即重复学习，温故而知新。重复学习，有利于对知识加深理解，也可加强记忆。

8. 写读

写读是指读书与做摘录、记心得、写文章结合起来，手脑共用，不仅能积累大量的材料，而且能有效地提高写作水平，增强阅读能力，将知识转化为技能和技巧。

9. 序读

读书之前可以先读序言和凡例，了解内容概要，明确全书的结构和纲领，有目的地进行阅读。读书之后，再次阅读序言和凡例，以加深理解，巩固提高。

10. 选读

选读就是读书时要有所选择，可以结合自己的情况，有针对性地选择书目进行阅读，这样才能达到事半功倍的效果。

活动延伸

（1）每个学生在便利贴上写下本学期的阅读目标，并写一句鼓励自己的话。
（2）每位小组成员在组内分享自己的阅读目标，并邀请一位组员监督自己。
（3）学生将写着阅读目标的便利贴贴在教室的“学习园地”里，时刻提醒自己。

活动反馈

阅读一本书，写一篇读后感，篇幅为300字以上，并在小组中分享。

活动评价

针对学生完成活动的情况，填写课堂表现测评表和每月行为表现测评表。

课堂表现测评表

测评项目	分值	自我评分	小组评分	教师评分
课堂出勤	20			
发言积极性	20			
课堂过程参与度	20			
团队合作表现	20			
完成测试情况	20			

每月行为表现测评表

<table>
<tr><th>测评项目</th><th colspan="2">分值</th><th>自我评分</th><th>小组评分</th><th>教师评分</th></tr>
<tr><td>课堂没玩手机</td><td colspan="2">20</td><td></td><td></td><td></td></tr>
<tr><td>课堂专心学习</td><td colspan="2">20</td><td></td><td></td><td></td></tr>
<tr><td>常读课外书</td><td colspan="2">20</td><td></td><td></td><td></td></tr>
<tr><td>积极提问</td><td colspan="2">10</td><td></td><td></td><td></td></tr>
<tr><td>参加体育锻炼情况</td><td colspan="2">10</td><td></td><td></td><td></td></tr>
<tr><td>参加劳动情况</td><td colspan="2">10</td><td></td><td></td><td></td></tr>
<tr><td>仪容仪表</td><td colspan="2">10</td><td></td><td></td><td></td></tr>
<tr><td>基本分合计</td><td colspan="2">100</td><td></td><td></td><td></td></tr>
<tr><td>加分项（每次加 3～5 分）：
1．好人好事
2．参加志愿者服务或各种公益活动
3．协助班主任或学生科完成临时工作
4．及时向班主任反映并主动协助处理班级突发事件，避免事态扩大（加 20 分）
5．参加比赛获奖
6．其他</td><td>加分理由</td><td>加分值</td><td></td><td></td><td></td></tr>
<tr><td>减分项（每次减 3～5 分）：
1．对他人有语言、文字或行动上的不文明行为（严重的减 10～20 分）
2. 违反考勤纪律（按具体考勤制度减分）
3．违反仪容仪表的规定
4．违反考场纪律
5．抽烟、酗酒、打架、私自乱拉电线或违规使用电器（严重的每次减 20 分）
6．破坏公物，拒绝赔偿（每次减 20 分）
7．其他</td><td>减分理由</td><td>减分值</td><td></td><td></td><td></td></tr>
</table>

活动四　我乐学 善思考

（二年级）

活动背景

二年级中职生进入学校求学已经一年，认识到了学习的重要性，然而欠缺有效的学习方法。因此，学校有必要引导学生认识到读书使人充实，而思考使人深邃。善于思考很重要，学习知识要善于利用思考这一利器，铸就个人的精彩人生。

活动目标

（1）认知目标：认识到思考的重要性。

（2）情感目标：感知思考的魅力，乐于学习，善于思考。

（3）行为目标：通过活动与分享，认识到要做一个懂思考、会思考的人，学会独立思考、自主探究、明辨真伪，不盲从、不迷信。

活动准备

（1）教师搜索与思考相关的图片和素材。

（2）学生分组，每组 4～6 人，依据学生的学业状况进行同质分组或异质分组。

（3）学生每人至少准备一张便利贴。

活动思考

（1）你时常想问题吗？

（2）思考和学习是怎样的关系？

（3）常思考有哪些好处？

活动过程

一、欣赏《思想者》雕塑图片

展示《思想者》雕塑的图片。

《思想者》雕塑是法国雕塑家奥古斯特·罗丹的作品，雕塑中的巨人弯着腰，屈着膝，右手托着下颌，他那深沉的目光及拳头触及嘴唇的姿态，表现出一种深度沉思的状

态，说明一个思考中的人是极具魅力的。

人与人之间的最大差别是思维的差别，也就是思考的差别。有人思考得简单，有人思考得复杂；有人思考得全面，有人思考得片面；有人思考得深入，有人思考得肤浅；有人思考得缜密，有人思考得粗疏；有人思考得远，有人思考得近。只有善于思考，才能有创新的行动。对于个人是这样，对于国家来说也一样，一个国家只有善于思考的人多起来，才有可能成为“创新型国家”。

二、阅读和分享名人名言

古今中外很多名人对于思考有着深刻的体会和独到的见解。教师搜集并与学生分享和思考有关的名人名言，例如：

学习知识要善于思考，思考，再思考。我就是靠这个方法成为科学家的。

——爱因斯坦

一个人年轻的时候，不会思索，他将一事无成。 ——爱迪生

一分钟的思考抵得过一小时的唠叨。 ——托马斯·胡德

业精于勤，荒于嬉；行成于思，毁于随。 ——韩愈

人生最终的价值在于觉醒和思考的能力，而不只在于生存。 ——亚里士多德

沉思就是劳动，思考就是行动。 ——雨果

三、辨析“不善于思考”和“善于思考”

只要是正常的人就会思考，但善于思考和不善于思考之间存在很大的不同。

1. 小组讨论

学生做兼职发传单的时候在想什么？怎样才能将传单有效发放？

2. 教师引导

不善于思考的人会消极应对，只为完成工作。他们不想再发传单，因为被人拒绝会感觉很不舒服。

善于思考的人的做法如下：

（1）思考如何将发传单变为别人主动要传单，如建议商家将传单内容印制在扇子、笔等日常工具上。

（2）思考计算区域人流量，及时转移至人流量大的区域，增加发放量。

（3）思考哪些群体易接收传单，不向不收传单的人发放，提高传单接收率。

四、故事分享与总结讨论

故事 1

父子俩和牛

有一对父子住在山上，他们每天都要赶牛车下山卖柴。山路崎岖，弯道特别多，老父较有经验，坐镇驾车；儿子眼神较好，总是在要转弯时提醒道："爹，转弯啦!"有一次父亲因病没有下山，儿子一人驾车下山。到了弯道，牛怎么也不肯转弯，儿子又推又拉用尽各种方法，牛还是一动不动。这到底是怎么回事？儿子百思不得其解。最后儿子看看左右无人，贴近牛的耳朵大声叫道："爹，转弯啦!"牛应声而动。

分享讨论：

儿子使牛转弯的做法给你什么启发？

师生总结：

牛不思考，以条件反射做事。儿子则善于思考，找到了使唤牛的方法。在学习和生活中遇到难题，用寻常方法无法解决时，我们应该善于思考，寻求新的解决方法。

故事 2

比尔·盖茨爱思考

比尔·盖茨小时候经常躲在自己的卧室不出门，他的母亲很奇怪，就在外面大声地问："比尔，你在哪里？""我在我的卧室里。"比尔答道。"你天天在你的卧室里干什么？"他的母亲又问道。比尔说："我在思考，难道你们就不思考吗？"后来，比尔在短短的几年时间里创造了不可估量的财富。

分享讨论：

比尔·盖茨的故事给你什么启示？

师生总结：

比尔·盖茨是一位高智商、高情商的人，他的成功与他的思想分不开。因为善于思考，所以他能够发现别人发现不了的问题，独具慧眼，从而奠定了其在软件王国不可取代的地位。

故事 3

一只蜘蛛和三个人

一只蜘蛛在断墙处结网安家，但是，它的生活中并没有安宁，因为它常常会遭受风

雨的袭击。大雨来临，它的网又一次遭受劫难。大雨刚过，这只蜘蛛向墙上支离破碎的网艰难地爬去。由于墙壁潮湿，它爬到一定的高度就会掉下来。它一次次地向上爬，又一次次地掉下来……

一直在断墙处避雨的三个人看到蜘蛛爬上去又掉下来的情景，讨论起来。

第一个人看到后，叹了一口气，说："哎，我的一生不正如这只蜘蛛吗？我们的境况就是这样，虽然一直都在忙忙碌碌，却一无所得。看来我的命运和这只蜘蛛一样也是无法改变的。"于是，他继续颓废，日渐消沉。

第二个人在一旁静静地看了一会儿，不屑地说道："这只蜘蛛真愚蠢，为什么不从旁边干燥的地方绕一下再爬上去呢？以后我可不能像它那样愚蠢。再遇到棘手的问题我一定要认真思考，不能一味地埋头苦干，尽量寻找解决问题的捷径。"从此，他变得聪明起来了。

第三个人专注地看着屡败屡战的蜘蛛，感叹道："一只小小的蜘蛛竟然具有如此执着而顽强的精神，有这样的精神就一定可以取得成功。我真应该向这只蜘蛛学习！"受这只蜘蛛的启发，他从此坚强无比。

分享讨论：

看到这只蜘蛛，你想到了什么？

师生总结：

善于发现，善于思考，处处皆学问。积极的思考会带来积极的结果，不仅要善于思考，也要智慧地思考。以上三个人通过蜘蛛的行为，引发了不同的思考，进而成为不同的人。

五、了解常见的思考方法

懂得思考其实很不简单，任何一个人都应该形成自己的思维，对每一件事情都应该多加思索。俗话说，"三思而后行"。在做事情之前，如果能多思考，成功的概率就会大大提高。常见的思考方法有如下几种。

（1）长远思考——思维聚焦远处，改变心态才有美好的未来。

（2）专注思考——深度思考，一次做好一件事。

（3）创新思考——开拓思考新领域，做"点石成金"的食指。

（4）换位思考——设身处地为他人着想，给他人方便就是给自己方便。

（5）借脑思考——开启结构性思维模式，倾听不同的意见。

（6）合作思考——寻求协作，在合作中获得双赢。

（7）理性思考——客观辩证地思考，不受情绪控制。

（8）积极思考——乐观积极地思考，扫除消极性的想法。

（9）独立思考——自我思考，将主动权掌握在自己手里。

活动延伸

想象自己 10 年之后回学校见到班主任时的场景，写在便利贴上交给老师。

活动反馈

发现你身边“乐于学习，善于思考”的故事，写成一篇文章，篇幅为 300 字以上，并与小组成员分享。

活动评价

针对学生完成活动的情况，填写课堂表现测评表和每月行为表现测评表。

课堂表现测评表

测评项目	分值	自我评分	小组评分	教师评分
课堂出勤	20			
发言积极性	20			
课堂过程参与度	20			
团队合作表现	20			
完成测试情况	20			

每月行为表现测评表

<table>
<tr><th>测评项目</th><th colspan="2">分值</th><th>自我评分</th><th>小组评分</th><th>教师评分</th></tr>
<tr><td>课堂没玩手机</td><td colspan="2">20</td><td></td><td></td><td></td></tr>
<tr><td>课堂专心学习</td><td colspan="2">20</td><td></td><td></td><td></td></tr>
<tr><td>善于思考</td><td colspan="2">20</td><td></td><td></td><td></td></tr>
<tr><td>积极提问</td><td colspan="2">10</td><td></td><td></td><td></td></tr>
<tr><td>参加体育锻炼情况</td><td colspan="2">10</td><td></td><td></td><td></td></tr>
<tr><td>参加劳动情况</td><td colspan="2">10</td><td></td><td></td><td></td></tr>
<tr><td>仪容仪表</td><td colspan="2">10</td><td></td><td></td><td></td></tr>
<tr><td>基本分合计</td><td colspan="2">100</td><td></td><td></td><td></td></tr>
<tr><td rowspan="2">加分项（每次加 3～5 分）：
1．好人好事
2．参加志愿者服务或各种公益活动
3．协助班主任或学生科完成临时工作
4．及时向班主任反映并主动协助处理班级突发事件，避免事态扩大（加 20 分）
5．参加比赛获奖
6．其他</td><td>加分理由</td><td>加分值</td><td rowspan="2"></td><td rowspan="2"></td><td rowspan="2"></td></tr>
<tr><td></td><td></td></tr>
</table>

续表

<table>
<tr><th rowspan="2">测评项目</th><th colspan="2">分值</th><th rowspan="2">自我评分</th><th rowspan="2">小组评分</th><th rowspan="2">教师评分</th></tr>
<tr><th>减分理由</th><th>减分值</th></tr>
<tr><td>减分项（每次减 3～5 分）：
1．对他人有语言、文字或行动上的不文明行为（严重的减 10～20 分）
2．违反考勤纪律（按具体考勤制度减分）
3．违反仪容仪表的规定
4．违反考场纪律
5．抽烟、酗酒、打架、私自乱拉电线或违规使用电器（严重的每次减 20 分）
6．破坏公物，拒绝赔偿（每次减 20 分）
7．其他</td><td></td><td></td><td></td><td></td><td></td></tr>
</table>

活动五 我节俭 乐环保

（一年级）

活动背景

勤俭节约是中华民族的传统美德，中职生要继承和发扬这一光荣传统，从我做起，持之以恒。倡导低碳环保生活，创建绿色、和谐的校园是学校工作的重要内容。随着社会经济的发展、生活条件的改善，中职生中出现了超前消费、炫耀消费、浪费消费等现象，不懂节俭，环保意识十分淡薄。中职生在生活中应做到低碳消费，养成节约、环保的习惯。

活动目标

（1）认知目标：认识到勤俭节约、低碳环保的重要性。

（2）情感目标：意识到节俭的习惯应落实到生活中，环保意识应贯穿于自己的衣食住行。

（3）行动目标：提高环保意识，养成勤俭节约、低碳环保的好习惯。

活动准备

（1）教师搜集资源浪费、环境破坏的图片，并制作写有各种垃圾名称的卡片及分类垃圾桶道具。

（2）学生搜集生活中节能环保的方法，并了解垃圾分类的知识。

活动思考

（1）你身边有哪些浪费资源、破坏环境的行为？

（2）结合生活实际，检查自己是否有浪费资源、破坏环境的行为。

（3）你应该如何养成勤俭节约、低碳环保的好习惯？

活动过程

一、播放音乐，入主题

1. 播放音乐

教师播放歌曲《地球你好吗》，歌词如下。

当天空不再是蓝色，小鸟不会飞翔。
当江河不再有清澈，鱼儿也离开家乡。
当空气不再是清新，花朵也失去芬芳。
当乌云遮住了太阳，世界将黑暗无光。
当冰山渐渐地融化，地球是一片汪洋。
当大地干枯了村庄，眼睛也失去渴望。
当城市川流不息的车，从此没有一点安详。
当童话失去了森林，仙女也丢了魔棒。
当冰山渐渐地融化，地球是一片汪洋。
当大地干枯了村庄，眼睛也失去渴望。
当城市川流不息的车，从此没有一点安详。
当童话失去了森林，仙女也丢了魔棒。
当玩具变成你的衣裳，从此没有天真幻想。
当贪婪拼命地追逐，没有动物与你歌唱。
让我们一起热爱吧，让我们一起唱。
让我们一起呼唤，地球你好吗？
让我们一起呼唤，地球你好吗？

2. 教师设问

歌曲播放完后，教师提问："听完这首非常好听的歌曲，你们认为现在的地球还好吗？你们对周围的环境满意吗？今天，我们将一起进入'我节俭，乐环保'的主题活动中，来看看地球还好吗，并一起来找一找让地球变好的方法。"

3. 分组讨论

各小组讨论以下问题：

你对周围的环境满意吗？不满意的地方有哪些？你该如何做呢？

4. 教师点评

教师将小组讨论的结果进行汇总并点评。

二、观图看文，谈感受

1. 教师展示图片及资料

（1）教师展示体现资源浪费、环境破坏的图片，举例如下。

（2）教师展示体现资源浪费、环境破坏的资料，举例如下。

据统计，2013 年，中国出口的一次性木筷子超过 1 万吨，每年消耗一次性木筷子 800 亿双。消耗的筷子首尾相接，可以从地球往返月球 21 次。假设一棵树（60 年以上树龄）可以制造 15 000 双筷子，那么可以满足一家酒楼一年的需求。但是，广州市有 5 万多家酒楼，需要 75 000 万双筷子，就要消耗 50 000 棵 60 年以上树龄的大树。50 000 棵，可不是一个小数目。假设一座森林有 10 万棵 60 年树龄的大树，那么，在两年内这座森林就会被砍光。

2. 学生讨论

教师向学生提问："看了上面的图片和资料，你有什么感想？"各小组展开讨论。

3. 教师点评

各小组代表发言后，教师总结点评。"近年来，随着我国经济的发展，我们的生存环境遭到了严重破坏，各种环境问题接踵而至：森林退化、沙尘暴、水土流失、噪声刺耳、臭气熏天、酸雨赤潮等。在 2017 年第三届联合国环境大会上，联合国环境署公布的最新调查报告指出：环境恶化已导致全世界每年 1260 万人死亡，相当于每 4 名死者中就有 1 名死于环境污染；其中空气污染每年夺走 650 万人的生命，成为第一大环境杀手。此外，土地、淡水、海洋污染、化学品、废物污染对人体和地球造成的伤害也是触目惊心的。

惊人的数字，令人毛骨悚然，这其实也向我们发出了严厉的警告：如果我们不立即行动起来，投入到节约资源、保护环境、拯救家园的斗争中，最终毁灭的将是人类自己。

4. 学生计算

教师给学生布置计算任务："在我们身边总有垃圾随意扔、课室或宿舍的电灯不关、水龙头不关等现象。下面请同学们计算一下，如果我们每天洗脸都节约一盆水，一年能节约多少水？我们班全班同学，每人每天节约一盆水，一年能节约多少水？我们全校同学，每人每天节约一盆水，一年又能节约多少水？"

5. 教师点评学生的计算结果

教师点评："节水、节电都是节约资源。每个人都有节约资源、保护环境的责任与义务。希望同学们不要浪费水、乱扔垃圾，要养成勤俭节约、低碳环保的好习惯。"

三、畅所欲言，说方法

1. 问题讨论

教师引导学生讨论以下问题：

（1）什么是低碳环保生活？

（2）在日常生活中我们可以从哪些方面做到勤俭节约、低碳环保？

（3）节约资源、保护环境的方法有哪些？

2. 教师总结

各小组讨论后，教师进行日常节能技巧的总结。具体内容如下。

低碳环保生活是指减少日常作息时耗用能量的生活方式。其目的主要是降低二氧化碳的排放量，从而减少对大气的污染，减缓生态恶化。它主要从节电、节气和回收三个环节来改变生活细节。

（1）冰箱内存放食物的量以占容积的60%为宜，放得过多或过少都费电。食品与冰箱壁之间应留有1厘米以上的空隙。用塑料盒盛水，在冷冻室制成冰后放入冷藏室，这样能延长停机时间、减少开机时间。

（2）空调启动瞬间电流较大，频繁开关特别费电，且易损坏压缩机。将风扇放在空调内机下方，利用风扇风力提高制冷效果，可减少空调启动时间。将空调设置为除湿模式，即使室温稍高也能令人感觉凉爽，而且比制冷模式省电。

（3）洗衣机在同样长的洗涤时间里，弱挡工作时，电动机启动的次数较多，也就是说，使用强挡其实比弱挡省电，且可延长洗衣机的寿命。按转速1680转/分（只适用涡轮式）脱水1分钟计算，脱水率可达55%，一般脱水时间不超过3分钟，再延长脱水时间则意义不大。

（4）使用微波炉加热较干的食品，应在加水后搅拌均匀，加热前用聚乙烯保鲜膜覆盖，或使用有盖的耐热玻璃器皿加热。每次加热或烹调的食品以不超过 0.5 千克为宜，要切成小块，量多时应分时段加热，中间加以搅拌。尽可能使用高火。为减少解冻食品时开关微波炉的次数，可预先将食品从冰箱冷冻室移入冷藏室，慢慢解冻，并充分利用冷冻食品中的“冷能”。

（5）短时间不用计算机时，启用计算机的睡眠模式，能耗可下降到 50%以下；关掉不用的程序和音箱、打印机等外围设备；少让硬盘、软盘、光盘同时工作；适当降低显示器的亮度。使用笔记本计算机要特别注意：对电池完全放电；尽量不使用外接设备；关闭暂不使用的设备和接口；关闭屏幕保护程序；合理选择关机方式，需要立即恢复时选择“待机”选项、电池运用选择“睡眠”选项、长时间不用选择“关机”选项；电池运用时，在 Windows XP/VISTA 系统下，通过 SpeedStep 技术，CPU 自动降频，功耗可降低 40%。

（6）蒸煮食物时，水沸腾后，要将火适当调小，只要水温不下降即可（水的最高温度是 100℃，无论用大火还是小火，只要保证水处于沸腾状态，水的温度是不变的）。

（7）不要让家电处于待机状态。

（8）尽量以植物为食，减少对动物食品的摄入。这样不仅低碳，而且可以预防动物中脂肪、胆固醇等物质的过量摄入而导致的高血压等疾病。2016 年 11 月 29 日，联合国粮食及农业组织发布《牲畜的巨大阴影：环境问题与选择》（*Livestock's Long Shadow: Environmental Issues and Options*）报告，揭示了一个惊人的事实：畜牧业是造成气候变暖的头号因素。报告指出：无论是从地方还是从全球的角度而言，畜牧业都是造成严重环境危机的主要元凶之一。

（9）如果遇到堵车，可先熄火，再安心等待。

（10）出门购物，自己携带环保袋，无论是免费的还是收费的塑料袋，都应减少使用。

（11）出门自带喝水杯，减少使用一次性杯子。多用永久性的筷子、饭盒，尽量避免使用一次性餐具。

（12）外出尽量步行或骑自行车。

（13）使用低碳环保的生活用品，如竹纤维面料的衣服、毛巾、内衣、袜子等，不要穿皮草类衣物。

四、模拟比赛，巩固知识

1. 利用卡片进行现场垃圾分类比赛

（1）全班学生分成 4 个小组，每个小组选一名组长。

（2）教师展示标有垃圾名称的卡片，各小组讨论如何分类。

（3）各组派出两名成员，进行垃圾分类。
（4）评出用时最短、准确率最高的小组，为优胜组。

2. 教师总结

比赛结束后，教师进行点评并总结发言：

随着经济不断发展，人口数量不断增多，垃圾的排放量也不断增多，超过了环境的自净能力，地球受污染严重。目前白色污染在我国大肆泛滥，尤以生活垃圾为主。乱扔垃圾是一种恶习，不仅影响公共卫生、造成环境污染，还容易造成苍蝇、蚊虫滋生，危害人们身体健康。因此，垃圾分类回收处理越显重要。《生活垃圾分类制度实施方案》将生活垃圾分为有害垃圾、易腐垃圾、可回收物等类别。

俗话说："垃圾混在一起时它就是垃圾，一旦将它分类，它就是一笔财富。"如今人们的环保意识日益提高，认识到垃圾能够回收利用。作为学生的你们肩负着更多的责任和使命，因为你们是祖国的未来和希望。

希望每一位同学在今后用自己的行动对垃圾进行分类，为提高资源回收利用率、节能环保，尽自己的一分力量。

五、总结点评，明确主题

古语云："俭，德之共也；侈，恶之大也。"勤俭节约，体现了一种良好的生活习惯，彰显着一种必不可少的社会责任。习近平总书记特别强调"勤俭节约，低碳环保"的重要性，明确向人们发出保护环境的倡议。低碳环保不是一句空口号，它所要求的是低能耗、低污染、低排放的经济模式，是人类社会的一次重大进步。

勤俭节约、低碳环保与日常生活紧密连接，我们应把节俭的习惯落实到生活中，让环保意识贯穿自己的衣食住行。中职生作为 21 世纪的社会主体、祖国建设者，应该从现在开始，从我做起，从小事做起，积极行动起来，不让香喷喷的白米饭被无情地倒掉、白花花的自来水从指间滑落，珍惜和节约每一点资源，保护我们的家园。尽管我们的行动只是激流中的一滴小水珠，但是"积土成山，风雨兴焉；积水成渊，蛟龙生焉"，多一些勤俭节约、低碳环保的行动，我们的家园就多一分美好。

活动延伸

（1）开展垃圾分类知识竞赛。
（2）以"我节俭，乐环保"为主题，开展一项评比活动。

活动反馈

谈谈本次活动后你的收获。

活动评价

针对学生完成活动的情况，填写课堂表现测评表和每月行为表现测评表。

课堂表现测评表

测评项目	分值	自我评分	小组评分	教师评分
课堂出勤	20			
发言积极性	20			
课堂过程参与度	20			
团队合作表现	20			
完成测试情况	20			

每月行为表现测评表

<table>
<tr><th>测评项目</th><th colspan="2">分值</th><th>自我评分</th><th>小组评分</th><th>教师评分</th></tr>
<tr><td>不随意扔垃圾</td><td colspan="2">20</td><td></td><td></td><td></td></tr>
<tr><td>懂得垃圾分类</td><td colspan="2">20</td><td></td><td></td><td></td></tr>
<tr><td>有垃圾分类的习惯</td><td colspan="2">20</td><td></td><td></td><td></td></tr>
<tr><td>勤劳朴素能吃苦</td><td colspan="2">10</td><td></td><td></td><td></td></tr>
<tr><td>不追求奢侈享受</td><td colspan="2">10</td><td></td><td></td><td></td></tr>
<tr><td>不与别人攀比</td><td colspan="2">10</td><td></td><td></td><td></td></tr>
<tr><td>爱惜粮食</td><td colspan="2">10</td><td></td><td></td><td></td></tr>
<tr><td>基本分合计</td><td colspan="2">100</td><td></td><td></td><td></td></tr>
<tr><td rowspan="2">加分项（每次加 3～5 分）：
1．好人好事
2．参加志愿者服务或各种公益活动
3．协助班主任或学生科完成临时工作
4．及时向班主任反映并主动协助处理班级突发事件，避免事态扩大（加 20 分）
5．参加比赛获奖
6．其他</td><td>加分理由</td><td>加分值</td><td rowspan="2"></td><td rowspan="2"></td><td rowspan="2"></td></tr>
<tr><td></td><td></td></tr>
<tr><td rowspan="2">减分项（每次减 3～5 分）：
1．对他人有语言、文字或行动上的不文明行为（严重的减 10～20 分）
2．违反考勤纪律（按具体考勤制度减分）
3．违反仪容仪表的规定
4．违反考场纪律
5．抽烟、酗酒、打架、私自乱拉电线或违规使用电器（严重的每次减 20 分）
6．破坏公物，拒绝赔偿（每次减 20 分）
7．其他</td><td>减分理由</td><td>减分值</td><td rowspan="2"></td><td rowspan="2"></td><td rowspan="2"></td></tr>
<tr><td></td><td></td></tr>
</table>

活动六 我实践 勇创新
（二年级）

活动背景

创新是民族进步、社会发展的动力。我们只有在学习前人经验的基础上，不断实践创新，不怕失败，才会有民族的兴旺、社会的和谐发展。只看书学习，毕竟是局限的，只有在自己的亲身实践中检验，让科学知识在自己的头脑中得到巩固，使自己的操作技能得到增强，才会在工作岗位上做出出色的成绩，真正为人民服务。只有在工作中勇于创新，才能做出更大的成绩。

活动目标

（1）认知目标：明白在即将踏上的工作岗位上多实践、勤实践、勇创新的重要性。

（2）情感目标：在平时的学习生活中注重实践，提高创新意识。

（3）行动目标：学会创新的方法，养成勤实践、勇创新的好习惯，为将来的顶岗实习做充分的准备。

活动准备

（1）教师搜集与实践、创新有关的案例。

（2）学生搜集学习、生活中的创新方法。

活动思考

（1）什么是创新？创新的方法有哪些？

（2）我们应该如何提高创新意识？

活动过程

一、故事分享

故事1

用摩拜单车温暖你的城市

胡玮炜，一位年轻的女记者，摩拜单车的创始人。

2004年，胡玮炜从浙江大学城市学院新闻系毕业，进入了刚创刊的《每日经济新闻》报社经济部做汽车记者。工作后，无论是在上海还是在北京，她都买过自行车，但体验都很糟糕："要么就是车被偷了，要么就是觉得存取自行车非常不方便。""我希望能像哆啦A梦，当我想要一辆自行车的时候，就从口袋里掏出一辆骑走。因为在大城市里，我无数次遇到过，从地铁站出来，在高峰期打不到车，急得直抓瞎。"这种现实的糟糕体验，引领着这位年轻的女记者去探索改变！

2015年1月，胡玮炜创建了摩拜科技有限公司，并自己成立了一家工厂来生产自行车。她根据自己使用自行车的现实糟糕体验，对生产的自行车提出了要求，一是轮胎要是实心的，不用担心爆胎；二是车子要没有链条，不用担心掉链子；三是车身要全铝，不用担心生锈。按照胡玮炜的构想，摩拜不仅仅是一辆自行车，还要跟互联网连接在一起，要能实现全球定位，要能用手机智能解锁。从第一款摩拜单车成形到现在，她的自行车厂的产能也从最初一天生产300辆发展为现在每天生产上万辆，摩拜已经成为全球最大的智能共享单车运营平台。

现在回想，胡玮炜自己也觉得不可思议："我没想过来领导这个项目，身边的那些工业设计师不断论证这个（项目）有多难……他们提出各种各样的问题，就退出了，最后只有我愿意来做这个，我就成了这个项目的创始人。"

问到创业过程中遇到困难如何去解决时，这个南方姑娘笑了："我遇到的困难就是这件事儿没人做过，我们要摸索着前进。我觉得当你努力让这个世界变得更美好时，这个世界也会用美好的方式回馈你。"

分享讨论：

（1）什么叫创新？胡玮炜的创新点在哪里？她的创意是从何而来的？

（2）胡玮炜为什么能成为智能共享单车的"第一个吃螃蟹的人"？给你的启示是什么？

师生总结：

创新是指以现有的思维模式提出有别于常规或常人思路的见解，利用现有的知识和资源，在特定的环境中，本着理想化需要或为满足社会需求而改进或创造原来不存在或不完善的事物、方法、元素、路径、环境，并能获得一定有益效果的行为。创新是以新思维、新发明和新描述为特征的一种概念化过程。其起源于拉丁语，有三层含义：第一，更新；第二，创造新的东西；第三，改变。创新是人类特有的认识能力和实践能力，是人类主观能动性的高级表现，是推动民族进步和社会发展的不竭动力。一个民族要想走在时代前列，就不能没有创新思维，也不能停止各种创新。

胡玮炜的创意、创新都来源于社会体验与观察，以及亲身实践。胡玮炜正是根据自己使用自行车的现实糟糕体验，提出了有别于普通自行车的创意要求，正是她不断的亲身实践，才把自己的创意要求变成了现实。我们要学习胡玮炜的积极实践、勇于创新的精神。

故事 2

盲人电话机[1]

呼玛中学的孙丽因发明盲人电话机获得第 21 届全国青少年科技创新大赛一等奖。后来她又获得了中国科学院茅以升青少年科学奖，这是上海地区唯一获此奖项的初中生。

孙丽发明盲人电话机绝非偶然，她从小就喜欢科技活动。孙丽家隔壁住着一对盲人夫妇，他们打电话常会拨错号码，所以经常请孙丽代拨电话。但如果遇到突发事件想拨打电话，他们就束手无策了。孙丽看在眼里，急在心里，在发现市场上没有适合盲人使用的电话机后，她决定自己发明盲人电话机。她拆卸了家里的电话机，研究它的结构……但几经实验，效果都不理想。在她一筹莫展时，校长徐智强拨专款为她购买了多部电话机。经过反复实验，她研究出双层键盘电话机，当按下第一层的按键时，首先发出语音信号，告知所拨的是什么键，如 1、2、3……如果拨对了，则按到底，即拨出一个号码；如果错误，重拨即可。

分享讨论：

（1）孙丽为什么能够获奖？

（2）你打算怎样学习孙丽的创新精神？（可从学习生活、日常生活方面谈）

师生总结：

孙丽善于观察、勤于思考、勇于实践、敢于创新。

我们在学习和生活中，首先要善于转变学习方式，多进行自主学习、合作学习、探究学习；其次，在学科学习中，要善于动脑、勤于动脑、勤于思考、敢于质疑、敢于向传统和权威挑战；最后，要多读有益的书籍等。

在日常生活中，要善于观察，做生活的有心人，留意生活中的各种现象，寻找它们产生的原因；要敢于怀疑、勇于实践，做生活的积极参与者和改造者。

二、群策群力，明晰方法

1. 分小组讨论

学生分小组讨论创新的方法。具体过程如下。

（1）全班学生分成 4 个小组，每个小组选定一名组长。

（2）在规定的时间内，每个小组讨论并写出本小组所想到的创新方法。

（3）各组派出两名成员进行统计和整理。

（4）想出方法最多的小组成为优胜组。

---

① 资料来源：http://news.sina.com.cn/c/edu/2006-10-02/135810157169s.shtml. 有删改。

2. 教师点评

常用的创新方法包括头脑风暴法、戈登分合法、六 W 设问法、仿生模拟法、扩图转换法、继承改良法、新旧更替法、属性列举法、奥斯本检核表法等。

1）头脑风暴法

头脑风暴法又称脑力激荡法，是 1938 年美国 BBDO 广告公司负责人奥斯本首创的。这种创意方法的运作方式是组织一批专家、学者、创意人员等，以会议的方式共同围绕一个明确的议题进行讨论，互相启发激励，借助与会者的群体智慧，引发创造性设想的连锁反应，以产生出众多的创意构想。

2）戈登分合法

戈登分合法是通过同质异化使熟悉的事物变得新奇（由合而分），或通过异质同化使新奇的事物变得熟悉（由分而合）的一种类比方法。该方法是由美国哈佛大学教授戈登于 1944 年提出的。该法又称提喻法、综摄法、分合法等。

3）六 W 设问法

六 W 设问法是根据六个疑问词从不同的角度检讨创新思路的一种设计思维方法。因这些疑问词中均含有英文字母 W，故而简称为六 W 设问法。这 6 个疑问词如下。

（1）为什么（why）——产品设计的目的。

（2）是什么（what）——产品的功能配置。

（3）什么人用（who）——产品的购买者、使用者、决策者、影响者。

（4）什么时间（when）——产品推介的时机及消费者的使用时间。

（5）什么地方用（where）——产品使用的条件和环境。

（6）如何用（how）——消费行为。即考虑消费者如何使用更方便，通过何种设计语言提示操作使用等。

4）仿生模拟法

仿生模拟法是模拟生物系统的某些原理来建造技术系统，使人造技术系统具有生物系统类似的某些特征的一种设计思维方法。其研究范围包括机械仿生、物理仿生、化学仿生、形体仿生、智能仿生、宇宙仿生等。

5）扩图转换法

扩图转换法是运用扩散性思维，将图形或实物重新界定或加以引申，转换成不同设计对象的一种设计思维方法。

6）继承改良法

继承也有模仿的意味，但原型是前辈的创造物，并蕴含着批判的成分，是模仿加改良的设计思想。在设计史上，每当处于相对稳定发展的时期，这种设计思想就会成为主导。因此，一种风格或样式持续百年以上的为数并不少。

7）新旧更替法

新旧更替法设计思想是认识论上的突变和跳跃，它总是伴随社会背景的重大变革而发生。例如，法国大革命的爆发，促使服装款式发生急剧的变化。讴歌贵族文化达三百年之久的华丽、夸张的服饰，遭受引发革命的平民百姓的唾弃，代之而起的是与他们理想的社会极为相配的简朴服装，与夸示贵族社会富裕、丰饶、典雅、优美的款式有极大的差异，进而促使注重自由与平等的平民社会，漠视权势，确认了自然之美的价值。如果说，继承一改良是缓慢的进化，那么，新旧更替法则是爆发式的革命。

8）属性列举法

属性列举法是根据设计对象的构造及性能，按名词、动词、形容词等特性提出各种改进属性的思路从而萌发新设想的一种方法。该方法由克劳福德教授提出。

9）奥斯本检核表法

奥斯本检核表法是指以该技法的发明者奥斯本命名、引导主体在创造过程中对照九个方面的问题进行思考，以便启迪思路，开拓思维想象的空间，促进人们产生新设想、新方案的方法。这九个方面的问题如下：有无其他用途、能否借用、能否改变、能否扩大、能否缩小、能否代用、能否重新调整、能否颠倒、能否组合。

三、轻松游戏，体验创新

（1）创新思维训练游戏活动。

① 全班分为四组，每组选出一名组长。

② 每个学生在纸条上随机写下一个词语，交给组长。

③ 组长随机抽取两张纸条，组员轮流将两张纸条上的词语联系起来。例如：

醋是以酒为原料制取的，酒中含有酒精，许多交通事故是由酒精引发的，事故中受伤的人需要利用绷带包扎伤口。

④ 全班投票选出最佳小组。

（2）教师点评。

四、总结点评，明确主题

什么叫创新？比别人提前一步是创新，比别人多想个角度是创新，比别人多干几件实事也是创新。改革者在成功之前总是不被社会认可和鼓励，甚至被排斥，但是正是因为他们，才有我们今天的一切。

“纸上得来终觉浅，绝知此事要躬行。”只看书学习，毕竟是肤浅的，只有实践，才能使自己所学的知识得到巩固和升华，使自己的操作技能得到增强。二年级中职生即将顶岗实习，踏上工作岗位，希望大家要多实践、勤实践，把所学的专业理论知识和专业技能转化为实际工作能力，尽可能地提升自己。同时，只有在工作中勇于创新，才能做出更大的成绩。

活动延伸

（1）参加各种专业社团活动，开拓创新思维，实践创新精神。

（2）开展创新思维训练。

活动反馈

谈谈本次活动后你的收获。

活动评价

针对学生完成活动的情况，填写课堂表现测评表和每月行为表现测评表。

课堂表现测评表

测评项目	分值	自我评分	小组评分	教师评分
课堂出勤	20			
发言积极性	20			
课堂过程参与度	20			
团队合作表现	20			
完成测试情况	20			

每月行为表现测评表

<table>
<tr><th>测评项目</th><th colspan="2">分值</th><th>自我评分</th><th>小组评分</th><th>教师评分</th></tr>
<tr><td>善于观察</td><td colspan="2">20</td><td></td><td></td><td></td></tr>
<tr><td>喜欢思考问题</td><td colspan="2">20</td><td></td><td></td><td></td></tr>
<tr><td>善于设问</td><td colspan="2">20</td><td></td><td></td><td></td></tr>
<tr><td>敢于质疑</td><td colspan="2">10</td><td></td><td></td><td></td></tr>
<tr><td>常有独到见解</td><td colspan="2">10</td><td></td><td></td><td></td></tr>
<tr><td>敢于尝试</td><td colspan="2">10</td><td></td><td></td><td></td></tr>
<tr><td>性格坚韧</td><td colspan="2">10</td><td></td><td></td><td></td></tr>
<tr><td>基本分合计</td><td colspan="2">100</td><td></td><td></td><td></td></tr>
<tr><td rowspan="2">加分项（每次加 3～5 分）：
1. 好人好事
2. 参加志愿者服务或各种公益活动
3. 协助班主任或学生科完成临时工作
4. 及时向班主任反映并主动协助处理班级突发事件，避免事态扩大（加 20 分）
5. 参加比赛获奖
6. 其他</td><td>加分理由</td><td>加分值</td><td rowspan="2"></td><td rowspan="2"></td><td rowspan="2"></td></tr>
<tr><td></td><td></td></tr>
<tr><td rowspan="2">减分项（每次减 3～5 分）：
1. 对他人有语言、文字或行动上的不文明行为（严重的减 10～20 分）
2. 违反考勤纪律（按具体考勤制度减分）
3. 违反仪容仪表的规定</td><td>减分理由</td><td>减分值</td><td rowspan="2"></td><td rowspan="2"></td><td rowspan="2"></td></tr>
<tr><td></td><td></td></tr>
</table>

续表

测评项目	分值		自我评分	小组评分	教师评分
4．违反考场纪律 5．抽烟、酗酒、打架、私自乱拉电线或违规使用电器（严重的每次减 20 分） 6．破坏公物，拒绝赔偿（每次减 20 分） 7．其他	减分理由	减分值			

活动七 我孝顺 报亲恩

（一年级）

活动背景

孝亲尊师是中华民族的传统美德，也是我们每个人都应该具有的基本品德。孝亲尊师教育活动是学校师德建设工作和德育工作的重要内容。一年级中职生，正处在身心发展的转折阶段，孝亲尊师的意识淡薄。本次班会活动“以学生为中心，让学生唱主角”，意在挖掘生活中的课程资源，激发学生的内心情感，增强孝亲尊师的责任感；让学生发现爱、感受爱、回报爱；懂得“滴水之恩，涌泉相报”的真正内涵；从理解父母的养育之恩、老师的教育之情到用心报恩，以实际行动做到孝亲尊师。

活动目标

（1）认知目标：了解父母之爱，感受老师之情，感受恩情的无私和伟大。

（2）情感目标：理解、体谅、关心父母，尊敬师长。

（3）行为目标：养成知恩、感恩、报恩的品德和行为习惯，做到知、情、意、行统一；提高信息收集、处理能力，组织能力，以及与身边人沟通交流的能力。

活动准备

（1）师生收集孝亲尊师的素材，包括图片、案例、视频等资料。教师制作 PPT。

（2）学生：观察父母、老师的日常工作情况；4～5 人为一组，选出一名组长，各组准备一张卡纸、一叠贴纸，并自导自演课堂情境小品。

活动思考

（1）你做到孝亲尊师了吗？哪些做得好？哪些做得不好？

（2）我们为什么要孝亲尊师？

（3）我们应怎样做到孝亲尊师？

活动过程

一、欣赏感人作品

爱是阳光，爱是雨露，它可以滋润我们的心田。爱让我们幸福，爱让我们感到快乐。有一种爱感动天地，那就是父母对子女的关爱；有一种情恩重如山，那就是老师对学生的关怀。今天，我们将走进“我孝顺，报亲恩”课堂，一起分享我们的学习与成长。

教师播放斯琴高娃朗读贾平凹的作品《写给母亲》的音频文件。学生身体坐直、放松，闭上双眼，聆听斯琴高娃朗读《写给母亲》。

分享讨论：

听了这催人泪下的文章，你的心情怎样？你从中感受到儿女对长辈怀有一种怎样的感情？

师生总结：

最朴素的情感往往最真实，也最能打动人。古人云：“树欲静而风不止，子欲养而亲不待。”父母远逝，留给子女无涯之戚。面对这种思亡之痛，不同的人会有迥然不同的表达方式。每一位同学的成长都离不开父母、老师；每一位父母、老师的付出都是伟大的、无私的，他们的关爱时刻拨动我们的心弦。

二、故事分享与讨论

故事 1

世界上最伟大的爱——父母之爱

1999 年 10 月 3 日 10:20 左右，200 多名游客在贵州麻岭风景区马岭河峡谷谷底唯一的缆车乘坐点等待乘坐缆车。11:10，一阵难以想象的拥挤后，面积仅有五六平方米的缆车车厢竟在乘坐了 35 名乘客之后又一次缓慢上升，10 多分钟后到山顶平台停了下来。工作人员走过来打开了缆车的小门，准备让车厢里的人走出来。就在这一瞬间，缆车不可思议地慢慢往下滑去，缓慢滑行了 30 米后，便像箭一般向山下坠去，伴随着一声巨响重重地撞在 110 米以下的水泥地面上，断裂的缆绳在山间四处飞舞……在缆车坠落的一刹那，车厢内来自南宁市的潘天麒、贺艳文夫妇，不约而同地使劲将年仅两岁半的儿子高高举起。结果，这个名叫潘子灏的孩子只是嘴唇受了轻伤，而他的双亲却永远离开了人世。

这个故事深深打动了歌手韩红，她以这个感人的故事为背景，创作了歌曲《天亮了》。（教师播放歌曲《天亮了》）。

分享讨论：

（1）听完歌曲《天亮了》，你最大的感触是什么？当巨大的灾难来临时，这对年轻的父母为什么这样做？

（2）在生活中，父母最让你感动（难忘、高兴）的事情是什么？

师生总结：

天下最平凡的人是父母，但最伟大的人也是父母。他们不仅给我们生命，还照顾我们长大。对父母的养育之恩我们要牢记在心并给予回报。

故事 2

中国最美老师——张丽莉

2012 年 5 月 8 日，放学时分，在黑龙江省佳木斯市第十九中学担任班主任的张丽莉在路旁疏导学生。一辆停在路旁的客车，因驾驶员误碰操纵杆而失控，撞向这群学生。危急时刻，张丽莉向前一扑，将车前的学生用力推到一边，自己却被撞倒了。车轮从张丽莉的大腿上辗压过去，路面满是鲜血，惨不忍睹。被轧伤后张丽莉有时清醒有时昏迷，在被送往医院的途中，她还在对大家说：要先救学生。昏迷多天后，张丽莉醒来的第一句话是："那几个孩子没事吧？"经过抢救，张丽莉被迫高位截肢。她的亲人和医护人员都不敢想象她知道真相后会怎样，但她很快接受了事实，还反过来安慰父亲说："当时车祸的场景我还记得，很幸运，如果车轮从我的头部碾过去，你们就看不到我了，我救了学生，也保住了命，今后一定会幸福的。"有人问张丽莉："你后悔吗？"她回答："不后悔。这样做是我的本能。我已经 28 岁了，我已和父母度过 28 年的快乐时光。那些孩子还小，他们的快乐人生才刚刚开始。"

分享讨论：

（1）在危急时刻，如果张丽莉老师自己躲避开飞驰而来的客车，在车前的几名学生会怎样？张老师为什么没有躲避，反而奋不顾身救学生？张老师有哪些精神是值得你学习的？

（2）说说你成长过程中最尊敬（难忘）的一位老师。

（3）我们为什么要孝亲尊师？

师生总结：

天下最平凡的职业是老师，但最伟大的职业也是老师。对师长的教诲我们要知恩于心，行动于身。

三、成长告白和角色扮演

父母情、师生情是我们每个人人生中不可或缺的情感。儿时，母亲温暖的手臂，常常把你搂在怀里；父亲有力的大手，帮你遮风挡雨；老师慈祥的笑脸，助你大步前进。

他们共同构建了一个美好的天地让你走进。虽然有时你会厌烦父母的唠叨，你会想要挣脱家庭的束缚，你会从心里不服老师的说教，但不可否认的是，你仍然会把父母摆在自己心中最重要的位置；当老师训诫你时，你仍然会用心倾听并尽可能地改掉某些小毛病。

不管父母、老师用哪种方式教育、照顾你，如果你能从心里理解父母、理解老师，用心感恩，那么你会发现他们是真心为你好，希望你能成才。你是否能真正地了解他们的辛苦？你是否愿意走进他们的内心世界？

1. 成长告白

在下面的两个方框中分别写出你对父母，以及父母对你的爱和关心具体表现在哪些方面。两个方框中的事例数目对等吗？面对倾斜的天平，你有什么感想？

你对父母的爱的表现事例：	父母对你的爱的表现事例：

2. 角色扮演

4～5 名学生为一组表演课堂场景——今天我来当老师。

情境 1：在语文课堂上，老师正用心地讲解课文。但学生们各做各的事情：学生甲在看杂志，学生乙在玩手机，学生丙在吃零食，学生丁在睡觉……没有学生关注老师的上课内容。

情境 2：刚上课不久，老师正在讲授新知识。突然，学生甲大喊："老师，我要上厕所。"随后就从后门溜了出去。过了一会儿，学生乙说："老师，我懂了，你不要讲了。"再过了一会儿，老师布置课堂作业，学生丙说："老师，我没有笔写作业。"……

分享讨论：

（1）以上两个情境中学生的行为合适吗？为什么？如果是你，你会如何做？

（2）你做到孝亲尊师了吗？哪些方面做得好？哪些方面做得不好？

师生总结：

孝亲尊师，我们要感恩于行。

四、学会报恩

孝亲是做人最基本的品质。孝敬父母是儿女应尽的义务。人类从母系社会起，就生活在亲情之中。几千年来，血缘亲情是永远割舍不掉的。一个没有亲情的人，没办法做到家庭和睦，更谈不上营造和谐社会。

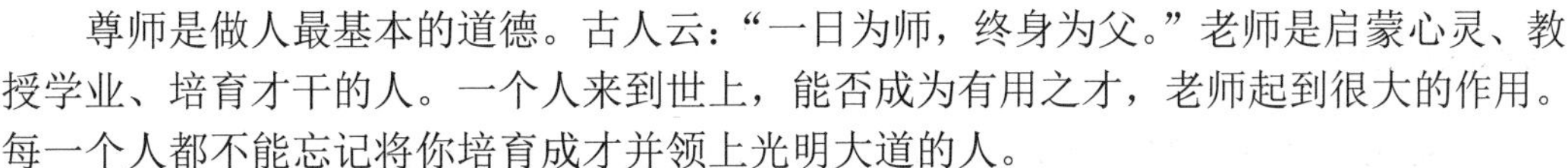

尊师是做人最基本的道德。古人云："一日为师，终身为父。"老师是启蒙心灵、教授学业、培育才干的人。一个人来到世上，能否成为有用之才，老师起到很大的作用。每一个人都不能忘记将你培育成才并领上光明大道的人。

分享讨论：

（1）现实生活中，有很多优秀儿女、伟人演绎了平凡的孝亲尊师篇章，成为我们学习的榜样。分享你看到或听到的孝亲尊师故事。

（2）面对父母的养育之恩、老师的教育之情，我们应如何回报？怎样才能做到孝亲尊师？

师生总结：

我们要用心领会父母、老师的教诲与期待，诚心体谅他们的忧虑和烦恼，真心关注他们的健康和心情。

孝敬父母应做到以下几点：①要听从父母的正确教导，认真学习，踏实做人。②要体谅父母和家庭的困难，生活上艰苦朴素，不向父母提过分的要求。③要亲近、关心和帮助父母，同父母保持亲密的关系。④要主动承担家务，减轻父母的负担。⑤要赡养父母，不仅要在物质上赡养，更要在精神上关心父母。

尊敬老师应做到以下几点：①要尊重老师的教学劳动。②要听从老师的教导。③对待老师要有礼貌。

五、教师寄语

同学们，让我们懂得爱，懂得感恩，懂得说声"谢谢"。其实父母、老师并不需要你们以后轰轰烈烈地去为他们做大事，而是要求你们从现在做起，从点滴做起；有时候关心、孝顺父母，就是陪父母聊聊天，是一个祝福、一句问候、一朵鲜花、一个拥抱，甚至只是一个微笑。老师要求你们做一个对社会有贡献的人，投身于孝亲尊师的报恩行动中，一起继承这美好品质，做一名孝亲的好儿女、尊师的好学生。

（1）制作一张感恩明信片，把自己对父母、老师的感谢记录下来，并利用"学习园地"张贴交流。

（2）在家主动承担家务劳动，体验父母的辛劳；在吃饭时，主动给父母盛饭，并给父母夹菜，说："爸爸妈妈辛苦了！"

（3）在学校，请同学们要互相提醒，改正不文明、不礼貌、不尊敬老师的语言和行为，争做尊敬师长的好学生。

活动延伸

（1）走读的学生每天回家做 3 件事：进门时叫爸妈；完成一件家务；出门时说再见。

（2）住宿的学生每周至少与父母联系 3 次：问候爸妈；说说自己在校的情况；给爸妈报平安。

（3）积极参加书信节活动（具体内容见第二部分活动九）。

活动反馈

谈谈本次活动后你的收获（特别是思想和认识、行为方面的改变）。

活动评价

针对学生完成活动的情况，填写课堂表现测评表和每月行为表现测评表。

课堂表现测评表

测评项目	分值	自我评分	小组评分	教师评分
课堂出勤	10			
纪律（听课态度）	20			
对孝亲尊师的理解	20			
对孝亲尊师的落实	20			
语言表达能力	20			
团队协作能力	10			

每月行为表现测评表

<table>
<tr><th>测评项目</th><th colspan="2">分值</th><th>自我评分</th><th>小组评分</th><th>教师评分</th></tr>
<tr><td>对父母的孝敬言行</td><td colspan="2">20</td><td></td><td></td><td></td></tr>
<tr><td>对老师的尊敬言行</td><td colspan="2">20</td><td></td><td></td><td></td></tr>
<tr><td>遵守纪律情况（出勤）</td><td colspan="2">20</td><td></td><td></td><td></td></tr>
<tr><td>学习态度</td><td colspan="2">10</td><td></td><td></td><td></td></tr>
<tr><td>参加体育锻炼情况</td><td colspan="2">10</td><td></td><td></td><td></td></tr>
<tr><td>参加劳动情况</td><td colspan="2">10</td><td></td><td></td><td></td></tr>
<tr><td>仪容仪表</td><td colspan="2">10</td><td></td><td></td><td></td></tr>
<tr><td>基本分合计</td><td colspan="2">100</td><td></td><td></td><td></td></tr>
<tr><td rowspan="2">加分项（每次加 3～5 分）：
1．好人好事
2．参加志愿者服务或各种公益活动
3．协助班主任或学生科完成临时工作
4．及时向班主任反映并主动协助处理班级突发事件，避免事态扩大（加 20 分）
5．参加比赛获奖
6．其他</td><td>加分理由</td><td>加分值</td><td rowspan="2"></td><td rowspan="2"></td><td rowspan="2"></td></tr>
<tr><td></td><td></td></tr>
<tr><td rowspan="2">减分项（每次减 3～5 分）：
1. 对他人有语言、文字或行动上的不文明行为（严重的减 10～20 分）
2．违反考勤纪律（按具体考勤制度减分）
3．违反仪容仪表的规定</td><td>减分理由</td><td>减分值</td><td rowspan="2"></td><td rowspan="2"></td><td rowspan="2"></td></tr>
<tr><td></td><td></td></tr>
</table>

续表

测评项目	分值		自我评分	小组评分	教师评分
	减分理由	减分值			
4．违反考场纪律 5．抽烟、酗酒、打架、私自乱拉电线或违规使用电器（严重的每次减 20 分） 6．破坏公物，拒绝赔偿（每次减 20 分） 7．其他					

活动八　我担当 尽责任
（二年级）

活动背景

中职生正处于一个机遇与挑战并存、风险与发展同在的时代。在日常生活中，许多学生遇到问题总是找借口推卸责任，这种行为不但不利于他们的学习，而且不利于他们的成长。本次班会活动旨在使学生正视自己，思考人生；树立担当尽责的良好心态；养成良好的责任行为，肩负起中华民族伟大复兴的重大使命。

活动目标

（1）认知目标：认识责任的重要性，能够对自己的行为后果做出正确的判断，明确自己应尽的责任。

（2）情感目标：增强责任意识；培养事不避嫌、敢于担当的使命感；树立对自己、家庭、集体与社会负责的良好心态。

（3）行为目标：形成正确的世界观、人生观、价值观。

活动准备

（1）师生搜集有关责任的事例和名人名言。

（2）学生围绕主题做好发言准备。

（3）学生分组，每组 4～6 人。每人准备一张便利贴；在“学习园地”绘画“责任”大树干。

活动思考

（1）你怎样理解“责任”？

（2）你是一个有担当、尽责任的人吗？你在哪些方面做得好？哪些方面做得不足？

（3）中职生应该承担哪些责任？如何做到尽责？

活动过程

一、游戏活动

全班学生做游戏，增强责任意识。

游戏规则：学生相隔一臂站成几排。教师站在队列前面，面向学生。教师说“1”时，学生向右转；说“2”时，向左转；说“3”时，向后转；说“4”时，向前跨一步；说“5”时，原地不动。当有人做错时，做错的人要走出队列，向大家鞠躬并举起右手高声说：“对不起，我错了！”

教师要求其他同学为敢于承认错误并能承担责任的同学鼓掌。

分享讨论：

通过这个游戏，你有何收获？

师生总结：

人的一生中犯错误是不可避免的，承担错误和责任是每个人应尽的义务。责任是不能推卸的，能够承担责任的人是可以委以重任的人。

未来的世界是一个充满激烈竞争，又需要分工合作、携手共进的世界。一个人要想成功，就必须敢于担当。担当是一种勇气、一种责任、一种境界，尽责是一种态度、一种追求、一种结果。担当尽责重在担当，贵在尽责。

二、阅读、分享名人名言

教师提问：你知道哪些关于责任的名言？

学生自由交流、分享名言名句。举例如下：

每一个人都应该有这样的信心：人所能负的责任，我必能负；人所不能负的责任，我亦能负。如此，你才能磨炼自己，求得更高的知识而进入更高的境界。

——林肯

责任就是对自己要求去做的事情有一种爱。 ——歌德

天下兴亡，匹夫有责。 ——顾炎武

先生不应该专教书，他的责任是教人做人；学生不应该专读书，他的责任是学习人生之道。 ——陶行知

每天务必要做一点你所不愿意做的事，这是一条宝贵的准则，它可以使你养成认真尽责的习惯。 ——马克·吐温

人生须知负责任的苦处，才能知道尽责任的乐趣。 ——梁启超

三、案例分享

故事 1

应聘中的启示

有 3 名大学生到一家建筑公司应聘，经过一轮又一轮的考试，他们从众多的求职者中脱颖而出。公司的人力资源部经理将他们带到了一处工地。工地上有三堆散落的红砖，乱七八糟地摆放着。人力资源部经理告诉他们，每人负责一堆，将红砖整齐地码成一个方垛，然后离开了工地。3 名大学生对此感到疑惑。

甲对乙说："我们不是已经被录用了吗？为什么将我们带到这里？"

乙对丙说："我可不是应聘的这样的职位，经理是不是搞错了？"

丙说："不要问为什么了，既然让我们做，我们就做吧。"

然后丙带头干起来，甲和乙同时看了看他，只好跟着干起来。还没完成一半，甲和乙明显放慢了速度，甲说："经理已经离开了，我们歇会儿吧。"乙跟着停下来，丙却一直保持着同样的节奏。人力资源部经理回来的时候，丙只剩十几块砖就全部码齐了，而甲和乙只完成了 1/3 的工作。人力资源部经理对他们说："下班时间到了，下午接着干。"甲和乙如释重负地扔掉了手中的砖，而丙却坚持将最后的十几块砖码齐了。

回到公司，人力资源部经理郑重地对他们说："这次公司只聘任一位设计师，获得这个职位的是丙。你们想想工地上的表现就知道答案了，作为最后一次考试的监考官，我在远处看得清清楚楚。"

分享讨论：

（1）故事中甲和乙落聘、丙应聘成功的原因是什么？

（2）责任对于一个人的生存、发展有影响吗？如果大家都不尽责任，会出现怎样的现象？说说你身边不负责任的事例。

（3）你从故事中获得哪些启示？

师生总结：

责任是事业成功的阶梯。它不仅是一种美德，更是每个人必备的基本品质。敢于承担责任是从平凡走向优秀的第一步。

社会学家戴维斯说："放弃了自己对社会的责任，就意味着放弃了自身在这个社会中更好地生存的机会。"同样，如果放弃了自己对工作的责任，就意味着放弃了在公司里更好地发展的机会。没有责任感的人，任何一个公司都会弃若敝屣，即使侥幸留在公司，也永远不会获得成功。

一个人要想事业有成，就要树立敢担当、尽责任的职业精神。敢担当、尽责任，会让你具备卓越的执行力，在工作、学习中初露锋芒；会让你敢于承担更大的责任，成为集体中的顶梁柱；会让你的人格变得高尚，赢得同学、同事的尊重和老师、领导的赏识。

故事2

12岁少年捐髓救母[①]

邵帅1岁时父母离异，此后他一直跟着妈妈生活。2004年，邵帅的妈妈到外地打工，把7岁的邵帅留在老家和姥姥姥爷一起生活。

邵帅读小学时学习成绩一直名列前茅，多次荣获“校级优秀少先队员”光荣称号，读六年级时被评为“优秀小学毕业生”。他喜欢画画，从5岁开始学画画，7岁学书法，曾先后参加加拿大“和平杯”比赛“中华神龙杯”比赛、奥运书画比赛等并获奖。2009年儿童节，学校举办了“邵帅作品书画文联展”，共展出42篇作文、128幅绘画作品和30多幅书法作品。

邵帅不但学习勤奋、兴趣广泛，而且非常关心班集体。每学期开学的前一天，他总是提前来到学校，把教室打扫干净。他是班里的宣传委员。班级每出一期黑板报，他都要先查阅资料，精心设计，利用课余时间与同学一起办黑板报。他们办的黑板报版面新颖、内容丰富，多次被评为校级优秀板报，为班级争得了荣誉。

邵帅心里总装着同学，能与同学和睦相处。从二年级开始，每到新年，他都要给班里每一位同学和老师送贺卡，并写上祝福的话。

邵帅不但在学校表现出色，在家里也是一个非常孝顺、善解人意的孩子。有一次，邵帅的姥爷因脑血栓住院一个多月，邵帅放学后经常和姥姥一起坐公交车去给姥爷送饭，到很晚才回家吃晚饭，接着再写作业。有时姥姥心脏病犯了，他便给姥姥抚背揉肩、端饭倒水，为减轻姥姥的病痛，他常常讲一些笑话，逗姥姥开心。

2009年7月，邵帅和其他孩子一样，满怀憧憬，准备进入中学大门，可无意间偷听到母亲患病的噩耗，他毅然拉着姥姥去北京，主动提出要给妈妈做骨髓配型。还来不及到新学校报到，邵帅就办了一年的休学手续，因为他要去北京照顾妈妈。值得庆幸的是，邵帅和妈妈的骨髓配型结果满足移植条件，可得知这个消息后，妈妈却坚决不同意做移植手术。

“学可以晚一点再上，可是妈妈只有一个。”邵帅跪在病床前，握着妈妈的手，宽慰妈妈，他恳求妈妈抓住最后的希望，为了他，好好活下去，留在他的身边。终于，在儿子和医生的共同劝说下，邵帅妈妈同意了做骨髓移植手术。

手术后，邵帅年迈的姥姥为了照顾妈妈已经心力交瘁，于是做饭和送饭的任务就落在了邵帅身上。为了省钱，邵帅和姥姥租住在郊区。每天凌晨5:00，邵帅就起床为妈妈准备早饭，坐两个小时的公交车把早饭送到医院，再急匆匆地赶回去为妈妈准备午饭。为了能让妈妈多补充营养，他每天只在医院门口吃3元的凉皮充饥。邵帅说，只要妈妈还在，吃什么苦他都愿意。

从小学画的邵帅，被中央工艺美院招收，以年级第一的成绩被保送就读中央工艺美

---

① 资料来源：http://www.cnxz.com.cn/newscenter/2013/2013111087583.shtml. 有删改。

院附中。谈起心愿，邵帅说，现在成绩还不错，能在年级排前十名。他现在最大的心愿就是能够考入中国美术学院，当一名画家，和妈妈永远在一起。

当年全家最困难的时候，一家人得到了全国各地热心人的帮助，这使邵帅学会了感恩。邵帅说，将来他要当一名义工，把他从好心人那里得到的帮助和爱心回馈社会。

分享讨论：

（1）听完这个故事，你有什么感想？

（2）你认为邵帅是一名怎样的学生？他在成长中，承担了哪些责任？他是如何担当尽责的？

（3）如果你是邵帅，你会怎么做？

师生总结：

最美少年邵帅，用他自己的骨髓，挽救了母亲的生命；用他弱小的身躯，背负起如山重任；用他还不结实的肩膀，撑起了母亲的幸福。他用自己的实际行动，谱写了中国少年担当尽责的颂歌，诠释了中华民族孝老爱亲的优良传统。

我们应向邵帅学习，用自己的肩膀扛起对自己的责任，做自理、自尊、自爱、自信、自强的自己；扛起对集体的责任，做老师的好帮手、同学的知心人；扛起对家庭的责任，做孝亲尊老的好孩子；扛起对社会的责任，做回馈社会的好公民。

四、成长经历分享

1. 心理测试

责任的分量是沉甸甸的，它不仅体现在重大的事件上，也体现在日常生活的点滴小事上。拥有一份责任心，再大的困难也能克服，没有这一份责任心，即使再小的事情也不可能做好。你是一个有责任心的学生吗？根据自己的真实情况认真完成“我的责任心”心理测试。

（1）与人约会，你通常会提前一会儿出门，以保证自己能准时赴约吗？（是　否）

（2）当你发现自己脚下有纸屑时你会拾起扔进垃圾桶吗？（是　否）

（3）你会把零用钱储蓄起来吗？（是　否）

（4）发现朋友违规，你会做出善意的提醒吗？（是　否）

（5）当你外出找不到垃圾桶时，会把垃圾带回家吗？（是　否）

（6）你会坚持运动以保持健康吗？（是　否）

（7）当你违纪、违规或犯错误被发现时，你通常选择实事求是地全盘托出吗？（是　否）

（8）你永远将正事列为优先，完成后再做其他休闲活动吗？（是　否）

（9）当你玩得正兴起时，妈妈请你帮忙去买酱油，你会放弃玩耍吗？（是　否）

（10）收到别人的短信，你总会尽快回信吗？（是　否）

（11）没有警察时，你也会遵守交通规则吗？（是　否）

（12）你经常拖延交作业吗？（是　否）

（13）你经常帮忙做家务吗？（是　否）

（14）别人不督促，你会主动学习吗？（是　否）

（15）你的一个好朋友犯了错误，当老师或学校向你调查时，你会如实反映吗？（是　否）

（16）你经常参加社区的志愿者服务吗？（是　否）

（17）在日常生活中，你是否认真地去完成每一件事？（是　否）

（18）和他人交往时，你是否看重对方的责任心？（是　否）

说明：选择“是”得 1 分，选择“否”不得分。

分数为 13～18 分：你是个非常有责任心的人。你行事谨慎、懂礼貌、为人可靠，并且相当诚实。

分数为 9～12 分：大多数情况下你很有责任心，只是偶尔率性而为，考虑得不是很周到。

分数为 4～8 分：你的责任心有所欠缺，这将会使你难以得到大家的充分信任。

分数为 4 分以下：你是个完全不负责任的人。有些朋友的父母可能会对你有成见，力劝儿女少跟你来往。你一次又一次地逃避责任，将会影响你的未来发展。

学生分小组分享测试结果，组内同学相互监督。

2. 成长告白

结合自身成长经历，填写“我的责任清单”。

适合对象	我是谁	我肩负的责任	我能做到（负责行为）	我没做到（不负责行为）
对于父母来说				
对于同学来说				
对于班级来说				
对于社会来说				
对于自己来说				

与同学分享你是否是一个有担当、尽责任的学生，哪些方面做得好，哪些方面做得不足，打算怎样改进。

3. 集思广益

人生于社会，享有人生的权利，也要尽人生的责任和义务。每一个人在不同阶段、不同场合都会拥有不同的身份，扮演不同的角色。但不论是何种身份、角色，都要肩负起相应的责任。那么，中职生应该担当哪些责任？如何做到尽责呢？

学生分小组探究、分享，每组推荐一名同学发言。

教师点评：

中职生担当、尽责应做到以下几点。

（1）真正对自己负责。首先，对自己的生命负责，做到能自理、有自尊，会学习、爱生活。其次，对自己的言行负责，做到言行一致，增强责任感；再次，对自己的命运负责，树立自信、坚定的目标，做自强不息的中职生。

(2)真心对他人负责。现代社会强调团结、协作的精神，中职生首先要对同学负责，团结友爱、互帮互助；其次要对老师负责，尊敬师长，及时有效地完成老师布置的任务。

(3)切实对家庭负责。家庭是养育自己的摇篮，对家庭负责是子女应尽的义务。要懂得体谅父母的辛苦，做一些力所能及的家务劳动，以减轻父母的负担；多和父母沟通，多听取父母对自己学习、生活、思想、品行等方面的指导和意见，主动在各方面帮助、关心、照顾家人。

(4)真诚对集体负责。首先，对班级负责，遵守班规，努力学习，积极参加文体活动，认真做好班干区、教室、宿舍的卫生工作等。其次，对学校负责，遵守校纪校规，积极创造良好和谐的校园环境，认真参与校园文化建设。

(5)时时刻刻对社会与国家负责。要做一个合格、守法的公民。每个人都仰赖社会的哺育，也应该努力回报社会。中职生应该从小事做起，讲究公德和公共卫生，积极参加青年志愿者服务活动，关心慈善事业和希望工程。要时刻关心国家的发展，树立“天下兴亡，匹夫有责”的思想意识，以自己的实际行动为国家建设做出贡献。

五、做出承诺，落实行动

每个学生在便利贴上写下责任承诺书，并贴在“学习园地”；邀请一位组员监督自己。

教师点评：

同学们，我们每个人的成长都需要负责任，敢担当，社会的发展更离不开责任担当。敢于承担责任，人生才会多一份精彩，才能拥有事业的辉煌，才能勇做中国的脊梁！做一名敢担当尽职责的中职生，就要为自己学好一门专业，为父母尽一份孝心，为学校尽一份责任心，为社会尽一份爱心；就要从小事做起、从细节做起、从我做起。让我们积极行动起来，承担起自己的责任，做时代骄子！愿我们所有的人都携责任之心，让人生散发出金色的光辉。

活动延伸

把“我的责任清单”内容具体化，落实自己的行动。

活动反馈

谈谈本次活动后你的感悟与收获（特别是思想和认识、行为方面的改变）。

活动评价

针对学生完成活动的情况，填写课堂表现测评表和每月行为表现测评表。

课堂表现测评表

测评项目	分值	自我评分	小组评分	教师评分
课堂出勤	10			

续表

测评项目	分值	自我评分	小组评分	教师评分
纪律（听课态度）	20			
对责任的理解	20			
对责任的落实	20			
语言表达能力	20			
团队协作能力	10			

每月行为表现测评表

<table>
<tr><th>测评项目</th><th colspan="2">分值</th><th>自我评分</th><th>小组评分</th><th>教师评分</th></tr>
<tr><td>个人责任行为表现</td><td colspan="2">20</td><td></td><td></td><td></td></tr>
<tr><td>集体责任行为表现</td><td colspan="2">20</td><td></td><td></td><td></td></tr>
<tr><td>社会责任行为表现</td><td colspan="2">20</td><td></td><td></td><td></td></tr>
<tr><td>学习态度</td><td colspan="2">10</td><td></td><td></td><td></td></tr>
<tr><td>体育锻炼</td><td colspan="2">10</td><td></td><td></td><td></td></tr>
<tr><td>参加劳动情况</td><td colspan="2">10</td><td></td><td></td><td></td></tr>
<tr><td>仪容仪表</td><td colspan="2">10</td><td></td><td></td><td></td></tr>
<tr><td>基本分合计</td><td colspan="2">100</td><td></td><td></td><td></td></tr>
<tr><td rowspan="2">加分项（每次加 3～5 分）：
1．好人好事
2．参加志愿者服务或各种公益活动
3．协助班主任或学生科完成临时工作
4．及时向班主任反映并主动协助处理班级突发事件，避免事态扩大（加 20 分）
5．参加比赛获奖
6．其他</td><td>加分理由</td><td>加分值</td><td rowspan="2"></td><td rowspan="2"></td><td rowspan="2"></td></tr>
<tr><td></td><td></td></tr>
<tr><td rowspan="2">减分项（每次减 3～5 分）：
1．对人有语言、文字或行动上的不文明行为（严重的减 10～20 分）
2．违反考勤纪律（按具体考勤制度减分）
3．违反仪容仪表的规定
4．违反考场纪律
5．抽烟、酗酒、打架、私自乱拉电线或违规使用电器（严重的每次减 20 分）
6．破坏公物，拒绝赔偿（每次减 20 分）
7．其他</td><td>减分理由</td><td>减分值</td><td rowspan="2"></td><td rowspan="2"></td><td rowspan="2"></td></tr>
<tr><td></td><td></td></tr>
</table>

活动九　我守规 享快乐

（一年级）

活动背景

身居礼仪之邦，应为礼仪之民。遵纪守法是当代学生应具备的基本素养。中职生是未来社会的建设者，他们的行为表现及礼仪规范是社会文明建设的重要组成部分。学校和有关部门应齐抓共管，通过各种途径督促中职生遵规守纪，切实提高中职生的修养和素质。

活动目标

（1）认知目标：认识到遵守规则是获得成功的第一要素。

（2）情感目标：懂得不守规则会造成社会的混乱，让人无法忍受。

（3）行为目标：在日常学习和生活中自觉遵守学校的纪律，自觉守法，自觉遵守社会公德。

活动准备

（1）师生搜索与遵规守纪相关的故事和案例。

（2）学生平均分成若干组（方便分组讨论）。

（3）学生主持人提前熟悉主持词。

（4）学生做好发言准备。

活动思考

在校生遵守规则主要体现在哪些方面？

活动过程

一、主题导入

1. 教师提问

请学生说出他们最熟悉的球类比赛或某种游戏的规则。

2. 学生讨论

（1）如果游戏或比赛没有规则，将会是怎样的情形？试举例说明。
（2）有规则不遵守，将会如何？试举例说明。

3. 教师点评

做任何事都有规则，都应该守规则，否则将会陷入混乱中。

二、故事分享

规则和秩序是社会公共生活中的基本准则。没有准则，社会活动将无法开展。规则秩序有两种不同的形式，一是没有明文规定，人们在长期的公共生活中形成的、约定俗成的行为规范。例如，乘车、购物按顺序排队，在影院、图书馆不大声喧哗，在公园不折花，不向水面抛掷脏东西，进入会场、影院放映厅前要放轻脚步等；二是有明文规定的公约、规则、规章、纪律等，如交通规则、学校学生守则、商店的服务公约、考试纪律等，通常带有一定的强制性，有的甚至与法律法规相衔接。

故事 1

钓鱼的规则

一位父亲带着年幼的孩子去钓鱼。河边的告示牌上写着：“钓鱼时间从 9:00 至 16:00。”父子俩从 10:30 开始钓鱼，直到 15:40，仍没有钓到一条鱼，但孩子不死心，继续钓鱼。快到 16:00 时，孩子突然发现鱼竿变成了弧形，意识到有鱼上钩了，看鱼竿摆动的幅度，很有可能是一条大鱼，于是，他赶紧一边收线一边喊父亲过来帮忙。父子俩费了很大的劲，终于钓上来一条大鱼。父子俩高兴地欣赏着眼前的大鱼。突然，父亲想起了什么，他看了一眼手表，收起笑容严肃地对孩子说：“现在已经是 16:12 了，按规定我们只能钓到 16:00，因此我们必须把这条鱼放回河里去。”孩子不以为然地说：“可是我们钓到的时候，还不到 16:00 啊！这条鱼我们应该可以带回家。”父亲却坚定地说：“规定只能钓到 16:00，我们不能违反规定。不管这条鱼上钩时间是不是 16:00 以前，我们钓上来的时间已经超过 16:00，就应该把鱼放回去。”孩子恳求父亲：“爸爸，就这么一次啦！我也是第一次钓到这么大的鱼，妈妈一定很高兴，这儿又没有人看到，就让我带回家去吧！”父亲斩钉截铁地说：“不能因为没人看到就可以带回家。”说着，把手上捧着的大鱼放进了河里。孩子眼里含着泪水看着大鱼游走了，没有再说一句话，默默地和父亲一起收拾钓具回家了。十多年以后，那个孩子成了一名口碑很好的律师。

分享讨论：

（1）故事中的父亲对孩子有何影响？

（2）孩子后来为何能成为知名律师？

（3）你从这个故事中悟出什么道理？

师生总结：

这个故事中，父亲帮助孩子形成了规则意识，给孩子树立了遵守规则的典范。孩子慢慢懂得了要遵守社会规则，意识到当自己的需求与社会规则发生冲突的时候，应该对自己的行为做适当的控制和调整。

故事2

小刚和小光

小刚和小光是一对好兄弟，两人一起进入某职业学校，并被分到一个班。他们两人都有吸烟的坏习惯。但学校对学生吸烟现象管得很严，规定学生不许吸烟。小刚决定把烟戒掉，并且已经成功。他还把自己的学习和生活处理得很好，他不仅成为班级的绘图课代表，还在手抄报比赛中获得了第二名，他还正在准备参加全国中高职院校广告设计大赛。而小光却不当回事，继续我行我素。他觉得吸烟是成熟的表现，常常因为躲过检查而窃喜。但为了躲避学校检查，他经常迟到、忘了值日，宿舍内务常常因为他的丢三落四而被扣分，同学们对他有许多意见。

分享讨论：

（1）你如何看待小光的行为？

（2）如果你是小光，你会怎样做？

（3）如果你是小刚，你将怎样帮助小光？

（4）小刚充实快乐的秘诀是什么？

（5）你有哪些遵守规则的经历？

师生总结：

学生只有了解学校的规章制度，遵规守纪，适应学校的要求，才能在自信、快乐的生活中体验成就感。

三、讨论交流

俗话说：“没有规矩不成方圆。”社会是以规则为基本前提的，做人有做人的规则，做事有做事的规则，不遵守规则，不按规矩办事，必然导致混乱。

人与人之间的交往也有其特定的规则。虽然大多数人清楚这些规则和惯例，但并不是所有人在任何时候都能够很好地遵守，人们常在自认为无关紧要的时候忽略这些规则的重要性，不仅给别人添堵，也给自己制造麻烦。

学会遵守规则是体验成功的基础，能提高自己的生存能力。

分享讨论：

如何做一个守规则的人，举例说明（如如何做到晚自习准时到达课室并自觉学习，在校外如何自觉遵守社会公德）。

师生总结：

（1）对于没有明文规定的规则，要时刻提醒自己注意养成良好的行为习惯。

（2）对于明文规定，首先要熟悉，其次要严格执行。

（3）经常与守规则的同学交往，通过他们的行为影响自己，做个守规则的人。

活动延伸

每天睡前自省 3 分钟：这一天我有没有遵守各项规则？

活动反馈

（1）写出目前校园中不守规则的行为，提出解决办法。

（2）2～3 人为一组，以“遵守规则”为主题绘制手抄报。挑选好的作品在校内展示宣传。

活动评价

针对学生完成活动的情况，填写课堂表现测评表和每月行为表现测评表。

课堂表现测评表

测评项目	分值	自我评分	小组评分	教师评分
课堂出勤	20			
发言积极性	20			
课堂过程参与度	20			
团队合作表现	20			
完成测试情况	20			

每月行为表现测评表

测评项目	分值	自我评分	小组评分	教师评分
对待长辈、同伴的态度（有辱骂别人或打架的不得分）	20			
处理事情的能力	20			
遵守纪律情况（出勤）	20			
学习态度（有缺交作业的不得分）	10			
参加体育锻炼情况	10			
参加劳动情况	10			
仪容仪表	10			
基本分合计	100			

续表

测评项目	分值		自我评分	小组评分	教师评分
加分项（每次加 3～5 分）： 1. 好人好事 2. 参加志愿者服务或各种公益活动 3. 协助班主任或学生科完成临时工作 4. 及时向班主任反映并主动协助处理班级突发事件，避免事态扩大（加 20 分） 5. 参加比赛获奖 6. 其他	加分理由	加分值			
减分项（每次减 3～5 分）： 1. 对他人有语言、文字或行动上的不文明行为（严重的减 10～20 分） 2. 违反考勤纪律（按具体考勤制度减分） 3. 违反仪容仪表的规定 4. 违反考场纪律 5. 抽烟、酗酒、打架、私自乱拉电线或违规使用电器（严重的每次减 20 分） 6. 破坏公物，拒绝赔偿（每次减 20 分） 7. 其他	减分理由	减分值			

活动十 我守信 以立身
（二年级）

活动背景

二年级中职生面临顶岗实习，即将踏入社会，应谨记：诚实守信是立足社会的基本素质。

加强对中职生的诚信教育，必须立足现实，根据中职生诚信状况的现实特点，选取适当的教学方法，将理论与实践紧密结合，并不断开拓创新，将诚信教育落到实处。

活动目标

（1）认知目标：认识到诚实守信是立足社会的基本素质。

（2）情感目标：懂得不讲诚信将无法立足于社会，最终被社会淘汰。

（3）行为目标：在日常学习和生活中自觉守信。

活动准备

（1）师生搜索与诚实守信相关的故事和案例。

（2）学生平均分成若干组（方便分组讨论）。

（3）学生主持人提前熟悉主持词。

（4）学生做好发言准备。

活动思考

在校生诚实守信主要体现在哪些方面？

活动过程

一、分享生活中的诚信故事

教师引导：

下面来看两则故事，想想我们身边有没有类似的事情，然后讨论几个问题。

故事 1

捡到一个钱包后①

有人在美国街头做了一个故意掉钱包（内有信用卡、驾照、现金等物品）的测试，测试人们的诚实度。开始，被测试的路人都选择物归原主，直到一个行动不便的青年捡起钱包，径直走进百货公司。当实验人员准备上前摊牌时，事情的发展超乎所有人的预料……

青年用信用卡买了手提包和鞋，然后一直在打电话，最后只见他一路走向"失主"的家。青年带着手提包和鞋来到了"失主"的家门口，当"失主"上前认领钱包，并向他询问时，他回答说看到"失主"的钱包里的驾照上有家庭地址，一路打电话询问朋友如何可以到达"失主"的家，而他购物用的是自己的信用卡。"失主"当即掏出现金答谢了青年。

故事 2

一年份的免费比萨②

美国一名叫迈克·韦加斯的男子开心地叫了比萨和鸡翅外卖，原本打算好好休假，但他突然发现自己其实要上班，便匆匆出门了。他在第二天凌晨五点回到家，从冰箱里拿出前一天的鸡翅要加热时发现盒子里竟是两沓"冰冻"的钞票，一共 1300 美元（约合人民币 8400 元）。

经过调查，原来是送货员将要送去银行的钱误送给韦加斯了。韦加斯也表示："当天，我的手机一直响，但我忙于工作，没有接听。"他也坦承，看到两沓钞票时非常想要占为己有，还特地上网询问大家该怎么做；而多数网友建议他自己留着用，毕竟那是

① 本故事来源于一段视频（http://www.xinli001.com/oxygen/69656190/）。

② 资料来源：http://news.cnr.cn/gjxw/gnews/20150922/t20150922_519938481.shtml. 有删改。

送货员的疏忽。但韦加斯在16岁时也是一位比萨外送员，出于同情，他决定物归原主。

韦加斯将钱送到比萨店，店经理再三向他道谢，并提出“一年份的免费比萨”的优惠，以实际行动表达感激之情。韦加斯不但开心接受，事后还在社交网站上开玩笑说：“我需要马上进健身房了!”因为韦加斯的诚实，这次事件有了皆大欢喜的结局。

分享讨论：

（1）你从以上两则故事中悟出了什么道理？

（2）如果你遇到这种情况，你会怎么做？

二、分享职场中的诚信故事

教师引导：

刚刚大家看的两则故事均为拾金不昧的行为，那么在职业生涯中讲诚信会为我们带来什么？请继续看诚信小故事。

故事1

汽修店的故事

一个顾客走进一家汽车维修店，自称是某运输公司的汽车司机。“在我的账单上多写点零件，我回公司报销后，有你一份好处。”他对店主说。但店主拒绝了这样的要求。顾客纠缠说：“我的生意不算小，会常来的，你肯定能赚很多钱!”店主告诉他，这事无论如何也不会做。顾客气急败坏地嚷道：“谁都会这么干的，我看你是太傻了。”店主火了，他要那个顾客马上离开，到别处谈这种生意去，这时顾客露出微笑并满怀敬佩地握住店主的手：“我就是那家运输公司的老板，我一直在寻找一个固定的、信得过的维修店，你还让我到哪里去谈这笔生意呢？”面对诱惑不心动，不为其所惑，这是一种闪光的品格——诚信。

分享讨论：

（1）这家汽修店老板因不肯出具虚假发票而收不到“好处”，他吃亏了吗？

（2）汽修店老板最终得到了什么？为什么？

（3）你从中悟出了什么？

教师引导：

听了这么多讲诚信的故事，我们知道了做人讲诚信的好处，那么，如果人不讲诚信会怎样呢？请看下面的故事。

故事2

中国留学生的求职遭遇

一个中国留学生在国外埋头苦学，潜心钻研，终于获得博士学位。他想凭着自己的专业水平，在大企业找份工作应该不成问题。于是，他去了一家有名的大企业应聘，一切都非常顺利，然后他就安心回家等录用通知书了。不久，他收到一封信，信中写道："你非常优秀，你聪明又有较高的专业水平，但很遗憾我们不能录用你……"既然大企业不行，他就决定找一家中等企业应聘，结果等来的仍然是"你很优秀，但很遗憾我们不能录用你……"最后这个学生想："我从小企业做起，总该可以了吧。"但结果仍然一样。这个学生怎么也想不通，如此优秀的他竟没被一家企业录用。而这一切都源于他几次乘坐公交车逃票的经历。

分享讨论：

（1）你觉得这个留学生冤枉吗？你替他感到惋惜还是愤愤不平？说说你的理由。

（2）你觉得这个留学生得到了什么，失去了什么？

（3）你认为逃票属于什么行为？

（4）你有没有发现身边有类似的行为？

师生总结：

"诚"就是诚实无欺，诚实做人，诚实做事，实事求是；"信"就是有信用、讲信誉、守信义、不虚假。诚信是中华民族的传统美德，体现一个人高尚的品德和人格，是赢得他人尊重的重要前提。孟子曰："诚者天之道也，思诚者人之道也。"古人云："人无信不立，国无信则衰。"诚信是社会主义核心价值观的内容之一。

社会应该弘扬诚信，时时讲诚信，事事讲诚信，做到诚信从我做起，从身边的每一件小事做起。

讲诚信应该做到：对家人、朋友忠诚，对企业忠诚，自觉维护集体、企业、国家的信誉；正确对待利益，开阔自己的胸襟，培养高尚的人格，树立进取精神和事业意识。

活动延伸

在本班设立诚信记录簿，每位学生自行记录自己认为表现诚信的行为，定期在班级内交流。

活动反馈

（1）2～3 人为一组，以"诚实守信"为主题做手抄报，挑选好的作品在校内展示宣传。

（2）谈谈本次活动后你的收获，并写出目前校内存在哪些不诚实行为，当自己出现这些行为时，要如何去改正。

活动评价

针对学生完成活动的情况，填写课堂表现测评表和每月行为表现测评表。

课堂表现测评表

测评项目	分值	自我评分	小组评分	教师评分
课堂出勤	20			
发言积极性	20			
课堂过程参与度	20			
团队合作表现	20			
完成测试情况	20			

每月行为表现测评表

<table>
<tr><th>测评项目</th><th colspan="2">分值</th><th>自我评分</th><th>小组评分</th><th>教师评分</th></tr>
<tr><td>对待长辈、同伴的态度
（有辱骂别人或打架的不得分）</td><td colspan="2">20</td><td></td><td></td><td></td></tr>
<tr><td>处理事情的能力</td><td colspan="2">20</td><td></td><td></td><td></td></tr>
<tr><td>遵守纪律情况（出勤）</td><td colspan="2">20</td><td></td><td></td><td></td></tr>
<tr><td>学习态度（有缺交作业的不得分）</td><td colspan="2">10</td><td></td><td></td><td></td></tr>
<tr><td>参加体育锻炼情况</td><td colspan="2">10</td><td></td><td></td><td></td></tr>
<tr><td>参加劳动情况</td><td colspan="2">10</td><td></td><td></td><td></td></tr>
<tr><td>仪容仪表</td><td colspan="2">10</td><td></td><td></td><td></td></tr>
<tr><td>基本分合计</td><td colspan="2">100</td><td></td><td></td><td></td></tr>
<tr><td rowspan="2">加分项（每次加 3～5 分）：
1．好人好事
2．参加志愿者服务或各种公益活动
3．协助班主任或学生科完成临时工作
4．及时向班主任反映并主动协助处理班级突发事件，避免事态扩大（加 20 分）
5．参加比赛获奖
6．其他</td><td>加分理由</td><td>加分值</td><td rowspan="2"></td><td rowspan="2"></td><td rowspan="2"></td></tr>
<tr><td></td><td></td></tr>
<tr><td rowspan="2">减分项（每次减 3～5 分）：
1．对他人有语言、文字或行动上的不文明行为（严重的减 10～20 分）
2．违反考勤纪律（按具体考勤制度减分）
3．违反仪容仪表的规定
4．违反考场纪律
5．抽烟、酗酒、打架、私自乱拉电线或违规使用电器（严重的每次减 20 分）
6．破坏公物，拒绝赔偿（每次减 20 分）
7．其他</td><td>减分理由</td><td>减分值</td><td rowspan="2"></td><td rowspan="2"></td><td rowspan="2"></td></tr>
<tr><td></td><td></td></tr>
</table>

模块六 讲文明 乐助人

活动十一　我文明 辨美丑

（一年级）

活动背景

做一个现代文明人，要树立正确的审美观和是非观念。中职生来自全国各个地区，生活习俗不尽相同，来到新校园、形成新集体以后，养成良好的生活习惯尤为重要。

活动目标

（1）认知目标：了解美的各种要素。

（2）情感目标：深刻体会“辨美丑、明是非、讲文明”的要求。

（3）行为目标：在日常学习生活中能够发现美，自觉争做文明人。

活动准备

（1）师生搜集日常学习生活中不文明的行为。

（2）教师搜集体现真善美的小故事。

（3）学生搜集身边体现真善美的事例。

活动思考

（1）常见的不文明行为有哪些？为什么你觉得这是不文明的行为？

（2）鉴别美与丑的标准是什么？

（3）如何发现美、欣赏美、践行美，成为一个美的人？

活动过程

一、观图辨文明

教师展示一些不文明行为的图片，图片内容如下。

（1）快到早读时间匆忙起床，衣衫不整地在阳台刷牙。

（2）过了早餐时间匆匆跑去饭堂、小卖部，门已关上还用力拍打。

（3）餐具、垃圾等留在餐桌上。

（4）在厕所吸烟，将烟头扔在厕兜里，导致下水道堵塞。

（5）上课睡觉或玩手机。

（6）随地吐痰，乱扔垃圾。

（7）在教室内，男生穿拖鞋、背心，女生穿超短裙、超短裤。

（8）休息时间在宿舍大声唱歌、打电话或打牌。

（9）踩踏草坪，破坏公共设施。

（10）不讲卫生，不修边幅，不参加劳动。

（11）在课桌、墙壁上随意涂鸦。

（12）迟到、旷课，抄袭作业，考试作弊。

分享讨论：

（1）你认为有这些行为的人美吗？文明吗？为什么？

（2）生活中你还遇到过哪些不文明的行为？你最不能容忍哪些不文明的行为？说说理由。

二、故事分享与讨论

教师引导：

每个人都希望自己是美丽的，那么什么样才是美的呢？下面来看两则关于美的故事。

故事1

美 与 丑

美和丑是一对好朋友，她们自从出生就在一起生活。因为美从小就可爱，所以很受大家的欢迎，而丑从小就怪僻，所以大家都不喜欢跟她在一起，只有美愿意和丑做朋友，处处都为她着想。

美和丑一天天在成长，按照当地的习俗，她们在许愿河中沐浴后才算是真正的成年人。在许愿河中沐浴时，心中所许的一个愿望将会成为现实，但这个机会只有一次，并将会影响她们一生。

当美与丑一起沐浴时，美在心中把世上所有美好的事物都想了一遍，她有很多美好的愿望，但最终决定将“把美好留在人间”作为自己的愿望。而丑一心只想着要比美早一步洗完澡，然后穿上美那身漂亮的衣服，因为她认为穿上美的衣服后就会受到乡亲们的欢迎。

丑最终如愿地穿走了美的衣服，美上岸后找不到自己的衣服，知道是丑穿走了，就穿上了丑留在岸上的衣服。丑以为这次会受到乡亲们的喜欢，当她走在大路上时，乡亲们仍然用原有的态度对待她，她很失望。丑还担心美不会原谅自己的背叛行为，心中愧疚，于是远走他乡，开始四处漂泊。

直到有一天，丑遇到了心目中的白马王子，而王子的心中并没有她。为了赢得王子的心，丑想起了自己的朋友美，她希望王子知道自己是这个世上最美的姑娘，就带着她的王子回到了久违的故乡。当丑再次见到美时，发现美依然穿着她当年留下的衣服，而且依然受到人们的喜爱，人们并没有因为美穿着丑的衣服而远离美，反而有越来越多的人喜欢美，就连王子也因为美的可爱而远离了自己。丑的心里开始不平衡了，为什么我穿上那身衣服要承受十八年的痛苦，而美却永远都受到人们的欢迎？为什么老天这么不公平，我们穿着一样的衣服却受到截然不同的待遇？其实可怜的丑并不知道，美并不是因为那身漂亮的衣服才受到人们的喜爱，而是因为她有着一颗真诚待人的心。

故事 2

现实中的美与丑

人们总会习惯地认为美与丑指的是外貌，但事实上，一个人的外表不能证明一切，外表并不重要，重要的是内心。

有一天，我随着拥挤的人流坐上公交车，准备去上学。过了一会儿，上来了一位八十多岁的老爷爷，老爷爷站在一位漂亮的女士的座位前面，但这位女士并没有主动让座。在漂亮女士的旁边，坐着一位并不漂亮的女士，甚至有点儿丑。可就在这时，这位女士起身把座位让给了老人。而漂亮女士继续坐在那里，没有表现出一丝丝的羞愧。

美与丑，不单单是指外表，更是行为，是内心。

分享讨论：

我们应该如何正确地辨别美丑？

师生总结：

一个人的美一般包括外在美和内在美两部分。外在美往往是通过人的外貌、形象、穿着打扮、神态、表情等表现出来，内在美则是通过人的思想、心态、气质、性格、脾气等表现出来。

一个人的美往往是由内而外散发出来的。俗话说：“相由心生。”一个人有正确的三观、健康阳光的心理，他的外在形象就会美。

三、分享名言

大声朗读并仔细体会以下关于美的名言。

人应当一切都美，外貌、衣着、灵魂、思想。 ——契诃夫

你缺少的不是美丽，而是善于发现美丽的眼睛。真善美是些十分相近的品质，在前面的两种品质之上加一些难得而出色的情状，真就显得美，善也显得美。 ——狄德罗

你可以从外表的美来评论一朵花或一只蝴蝶，但你不能这样来评论一个人。

——泰戈尔

真正美丽的人是不多施脂粉，不乱穿衣服。——老舍

容貌惹人喜爱能讨不少巧。——奥维德

美有两种，灵魂的美和肉体的美。聪明、纯洁、正直、慷慨、温文有礼都是灵魂的美，相貌丑的人也可以具备的。如果不以貌取人，往往对相貌丑的也会倾心爱慕。

——塞万提斯

美貌是一层面纱，它常常用来遮掩许多缺点。——巴尔扎克

理智传达真和伪的知识，趣味产生美与丑的及善与恶的情感。——休谟

俊俏的相貌在市场上买不到任何东西。——英国谚语

我宁愿用一小杯真善美来组织一个美满的家庭，也不愿用几大船家具组织一个索然无味的家庭。——海涅

美都是从灵魂深处发出的。——别林斯基

美，是道德上的善的象征。——康德

美必须干干净净，清清白白，在形象上如此，在内心中更是如此。

——孟德斯鸠

知识欲的目的是真，道德欲的目的是善，美欲的目的是美。真善美，即人间理想。

——黑田鹏信

没有德性的美貌，是转瞬即逝的；可是因为在你的美貌之中，有一颗美好的灵魂，所以你的美貌是永存的。——莎士比亚

四、发现生活中的美

学生分享生活中美的发现。

（1）自然界的美，如校园的环境美、家庭社区的环境美、自然风景美、人与自然和谐发展的美等。

（2）心灵美，如父母的美（为家庭付出、孝敬老人、关爱子女等），老师的美（关爱学生、无私奉献等），同学、朋友的美（助人为乐等），陌生人的美（舍己救人、助人为乐等）。

五、美文欣赏

师生欣赏以下美文。

生活中处处存在美[①]

生活中处处存在美。家里井然有序，窗明几净，各种家什摆放错落有致，这是一种

① 资料来源：http://www.wenku1.com/news/9521A144108B95A1.html.

整洁的美；端庄秀丽，静谧可人，这是一种沉静的美；落落大方，清新自然，这是一种自信的美；平和洒脱，超然物外，这是一种闲适的美；粗犷豪放，不拘小节，这是一种大气的美。

“清水出芙蓉，天然去雕饰”，天地自然之灵气铸就一种浑然天成的美，美得清秀而丰盈，是集自然之大成的一种超脱的境界。“小荷才露尖尖角”般的灵秀，摆脱俗气，令人过目难忘。这些叫人忘俗的天然之美，可能谁都见过，只是大多忘记了欣赏，没有真正体会那种透彻的美。

美的感觉存在于心中，很多时候无法用文字表述出来，很多美好的思绪在脑海中一闪即逝，无法捕捉。美不是空谈，而是要去体验、去感受、去欣赏。

倘若欣赏自然之美需要睿智和一双善于发现的眼睛，那么欣赏人间真情，则需要有细腻的情感。在高度发达的现代社会，很多人因生计而疲于奔波，身边的零散琐碎的事情往往被忽略了，渐渐地把日子过得淡然无味，一头雾水，不知道生活到底为了什么。“母亲啊，你是荷叶，我是红莲，心中的雨点来了，除了你，谁是我在无遮拦天空下的荫蔽？”作家冰心的细腻由此可见一斑，这应该是她最真挚的情感表白。细腻的情感燃烧时，身边细微的美肯定会熠熠生彩、璀璨夺目。此时的生活还会索然无味么？

常常感动于亲情的温暖，感动于朋友间情谊的真挚，可当有人溺水时，岸上的人或许大声呼救，或许焦急万分，但无论如何最感人的还是纵身跳下去救人的那个人，这是一种真诚无畏的美。人在落魄时，萎靡不振，孤独无助，那个能为你排忧解难的人，恰似明月的清辉毫不吝啬地倾洒入你的心田，那种诚挚而热心的美会感动你一生。

身边的琐碎事情看起来凌乱而繁杂，不经意中大多放弃了，长时间的漠然必然导致麻木不仁，美的存在也就无从谈起。

欣赏美其实很简单，如果你对内在世界的美丽漠不关心，那你无论如何也看不见外在世界的美丽。摈弃偏见和固执，一种前所未有的美就呈现在你眼前了，因为美就在你的心中。找到心中的美，生活中处处都能找到美。

美的极致便是安详，美是一种毫无标的的愉悦。人如果能抛弃偏执，丢下无谓的烦忧，哪怕一片树叶，一朵小花，都能发现它的美。只要用心，生活中的美和喜悦便会不请自来。

生活不都是快乐和幸福，同样生活也不可能全是落寞和寂寥。用一种欣赏美的眼光去看看阳光和雨露，恬淡而愉悦；用一种欣赏美的眼光去看看花草树木，清新而爽快；用一种欣赏美的眼光去看看大海，辽阔而深远……

生活中的美充斥各个角落，你要学会发现，学会欣赏。练就一种修养，一种品位去适时捕捉和欣赏生活中的美，为心灵开一扇窗，让智慧的光芒和生活中炫目多彩的美呈现在你眼前。

活动延伸

阅读法国著名作家维克多·雨果创作的法国浪漫主义最有代表性的长篇小说《巴黎

圣母院》或观看同名影片。雨果在作品中广泛运用美丑对照的原则，通过美与丑的强烈对比，给读者留下深刻的印象及无限的想象空间，同学们试着领悟美与丑的真谛。

活动反馈

从以下两个实践活动中选择一个完成。

（1）以“我文明”为主题，收集文明标语。

（2）结合文明礼貌月教育活动，做手抄报，在校内展示宣传。

活动评价

针对学生完成活动的情况，填写课堂表现测评表和每月行为表现测评表。

课堂表现测评表

测评项目	分值	自我评分	小组评分	教师评分
课堂出勤	20			
发言积极性	20			
课堂过程参与度	20			
团队合作表现	20			
完成测试情况	20			

每月行为表现测评表

<table>
<tr><th>测评项目</th><th colspan="2">分值</th><th>自我评分</th><th>小组评分</th><th>教师评分</th></tr>
<tr><td>上课没玩手机</td><td colspan="2">20</td><td></td><td></td><td></td></tr>
<tr><td>没有吸烟</td><td colspan="2">20</td><td></td><td></td><td></td></tr>
<tr><td>没有喝酒</td><td colspan="2">20</td><td></td><td></td><td></td></tr>
<tr><td>不去网吧</td><td colspan="2">10</td><td></td><td></td><td></td></tr>
<tr><td>参加体育锻炼情况</td><td colspan="2">10</td><td></td><td></td><td></td></tr>
<tr><td>参加劳动情况</td><td colspan="2">10</td><td></td><td></td><td></td></tr>
<tr><td>仪容仪表</td><td colspan="2">10</td><td></td><td></td><td></td></tr>
<tr><td>基本分合计</td><td colspan="2">100</td><td></td><td></td><td></td></tr>
<tr><td rowspan="2">加分项（每次加3～5分）：
1. 好人好事
2. 参加志愿者服务或各种公益活动
3. 协助班主任或学生科完成临时工作
4. 及时向班主任反映并主动协助处理班级突发事件，避免事态扩大（加20分）
5. 参加比赛获奖
6. 其他</td><td>加分理由</td><td>加分值</td><td rowspan="2"></td><td rowspan="2"></td><td rowspan="2"></td></tr>
<tr><td></td><td></td></tr>
<tr><td rowspan="2">减分项（每次减3～5分）：
1. 对他人有语言、文字或行动上的不文明行为（严重的减10～20分）</td><td>减分理由</td><td>减分值</td><td rowspan="2"></td><td rowspan="2"></td><td rowspan="2"></td></tr>
<tr><td></td><td></td></tr>
</table>

续表

测评项目	分值		自我评分	小组评分	教师评分
	减分理由	减分值			
2. 违反考勤纪律（按具体考勤制度减分） 3. 违反仪容仪表的规定 4. 违反考场纪律 5. 抽烟、酗酒、打架、私自乱拉电线或违规使用电器（严重的每次减 20 分） 6. 破坏公物，拒绝赔偿（每次减 20 分） 7. 其他					

活动十二　我向善 乐助人
（二年级）

活动背景

助人为乐是中华民族的传统美德。从国家层面来说，习近平总书记提出的“一带一路”倡议，就是发挥中国的力量，帮助沿线国家共同发展，从而增进与他国之间的友谊；从个人层面来说，在别人需要的时候伸出援助之手，可以使我们获得更多的朋友，得到更多的幸福感。

活动目标

（1）认知目标：认识到助人为乐是使自己得到快乐的有效方式。

（2）情感目标：体验助人为乐的快乐。

（3）行为目标：在日常学习生活中能够善于发现需要帮助的人或事，及时伸出援助之手，在力所能及的范围内帮助别人。

活动准备

（1）师生收集道德模范的事迹。

（2）师生收集“最美中职生”的事迹。

活动思考

（1）我们身边有哪些助人为乐的人和事？

（2）助人为乐就是自己“吃亏”吗？

（3）在日常生活中如何助人为乐？

活动过程

一、故事分享与讨论分析

故事1

做公益使她成为全国“最美中职生”

说起19岁的周悦，昆明市财经商贸学校团委书记李语溪满口称赞：“周悦负责了不少学校活动，我和她接触比较多，她是个热心、负责任的孩子，性格沉稳，主动性强，课余生活安排很充实。最重要的是她虽然年纪不大，但参加了很多志愿服务活动。”

据了解，周悦出生于江西南昌，中考后随父母到昆明进入昆明市财经商贸学校。入学后，除了学习和参加校园活动，参加公益活动成为她日常生活的一大主题。

“原来就跟着爸爸一起做过一些爱心活动，在他的影响下，我也开始帮助别人。”周悦至今还记得，自己第一次正式做公益是去敬老院陪伴孤寡老人。“陪老人聊天下棋、读书看报，听老人讲他们的故事，自己也很有感触。走的时候，这些七八十岁的老人一直握着我的手，看着他们的表情和笑脸，我坚定了做公益的想法。”周悦说。被评为全国“最美中职生”，这让本不自信的周悦有几分意外。

大方开朗，是周悦给记者留下的印象。当同龄人还在对未来感到迷茫时，她已经有了丰富的阅历，对未来也有了清晰的规划。周悦虽然学习会计已经3年了，专业技能优异，但她坦言，自己最大的兴趣是烘焙和烹饪。“以后我想从事烘焙相关行业，等实习结束打算去进行一些专业的学习。”

分享讨论：

（1）你觉得中职生做公益有意义吗？

（2）你是志愿者吗？参与过哪些志愿者活动？具体做些什么？你有没有帮助别人的经历？

（3）你觉得做公益吃亏吗？为什么？

（4）你在志愿活动中或帮助别人的过程中有哪些收获？与同学分享你的收获或心得。

故事2

用生命诠释“助人为乐”

何玥，女，壮族，2000年7月生，生前系广西壮族自治区桂林市阳朔县金宝乡中心小学六年级学生。

年仅12岁的何玥因患脑瘤去世，生前她做出无偿捐献器官的决定，使得三名患者的生命得以延续。她的无私与大爱诠释了生命的意义与价值。她被称为“最美女孩”，她的遗愿被称为“最美遗愿”。

何玥生前是一位品学兼优、心地善良、助人为乐的可爱女孩。她是家人和学校的骄傲，学习成绩在班上总是名列前茅，年年都被评为三好学生。她和同学们关系融洽，常常主动帮助同学解答作业难题，打扫教室卫生。她生活上很注意节俭，平时都是一毛、两毛地省下、攒着，几年时间竟积攒了数目不小的一笔零花钱，但在参加一次大型慈善活动时，她毫不犹豫地全部捐了出去。

然而，就是这样一位优秀少年，却遭遇了重大不幸。2012 年 4 月，何玥被查出患有高度恶性小脑胶质瘤，有生命危险。第一次手术后，何玥病情有所缓解。她所在的学校获知后，迅速组织师生展开爱心捐款，共募捐了 2000 元。何玥得知父亲收下这笔捐款后，一再坚持要把钱捐献出去，她对父亲说："还有人比我更需要这笔钱，应该用来帮助更困难的人。" 9 月初，何玥的病情突然加重，医生发现她小脑里的肿瘤已扩散到其他脑组织，生命垂危，最多能活 3 个月。11 月初，当听说有个 18 岁的藏族小伙子因患有慢性肾衰竭来桂林求医，只有找到合适的肾源做移植手术才能挽救生命，何玥对父亲说："爸爸，如果我死了，你就把我的肾捐给这个哥哥。" 父亲一下愣住了，马上表示不同意。但何玥捐献肾脏的决心已定，反复向父母提起这件事，希望尽自己所能给别人生的希望……慢慢地，父母勉强接受了。11 月 16 日上午，经紧急抢救无效，何玥被医院诊断为脑死亡。满怀悲痛的父母含泪签署了无偿自愿捐献器官申请书，帮助女儿完成了最后的心愿。随后，何玥无偿自愿捐献的两个肾脏分别被移植到藏族小伙子和桂林一位患者体内，肝脏则被立即送往上海，移植给一名重症肝病患者。小何玥的生命虽然消逝了，但她用自己的大爱使三位素不相识的患者的生命得以延续。

根据国家相关政策，对于器官捐献者，红十字会将给予家属一定治疗费和丧葬费救助。医院也提出给予何家一定的经济援助。尽管何玥的医药费花费 10 多万元，但其父母都婉言谢绝了红十字会和医院的援助。因为他们认为只有彻彻底底地做到无偿捐献，才是真正完成了女儿的心愿，才是何玥助人为乐精神的最高体现。

何玥也因此荣获桂林市优秀少先队员模范、广西壮族自治区青少年道德模范、2012 年度感动中国十大人物等荣誉称号。

分享讨论：

（1）这个故事最令你感动的是什么？（用简短的语言表达；也可以小组讨论，归纳总结后派代表发言）

（2）你觉得 12 岁的何玥为何能做出如此伟大的决定？

（3）你觉得何玥实现了她的人生价值了吗？

（4）你从何玥身上学到了什么？

故事 3

从飞——就这样感动中国

慈善是高尚人格的真实标记。——莎士比亚

我们一直认为慈善是有钱人行善积德的活动。但有这样一位歌手，有这样一位志愿者，他并不富有，却一生都在致力于慈善事业。当他自己还未成为人父时，他就用慈父般的眼神看着那么多孩子，孩子们的眼神让他心动更让他行动，他有一个美丽的名字，他叫丛飞。

家境贫寒与父亲极端的教育方式迫使他早早地踏入了这个千姿百态的社会。年轻的丛飞只身飞往了南国花城——广州。列车风驰电掣地驶入广州市区时，东方，朝阳正冉冉升起，鸽群在天边自由盘旋，新生活就要在这里开始了。23 岁的丛飞张望着这个陌生又繁华的城市，心中感到无比兴奋，但更多的是对未来的迷茫。

由于丛飞从未得到正式音乐学院的认可，生活费又用完大半，几乎沦落街头的他只好退而求其次在一家夜总会找到了一份工作，但因为他铁骨铮铮，疾恶如仇，不愿向权势、金钱和暴力低头，致使他无法继续在夜总会工作。失去工作的他，再次沦落街头，他真正感受到了什么叫穷困潦倒，什么叫走投无路，什么叫饥寒交迫！这段时间他白天在工地上工作，晚上睡在桥洞，甚至曾经吃过别人吃剩下的盒饭……种种艰辛却磨灭不了他对音乐的执着与热情。坚信天无绝人之路的丛飞参加了一次业余歌手大赛并取得了不错的成绩。从那以后，丛飞在广州渐渐有了名气。

一个偶然的机会，丛飞去成都参加了一次公益演出。他看到了贫困地区的孩子们，原本应该满是快乐天真的脸上却全是拘谨与漠然的表情，他们单纯凝重的眼神里郁结着深深的孤独与忧伤，生活的贫困使他们对未来失去了热情。丛飞被那凄苦的眼神刺痛了，他第一次感到自己的歌声是如此苍白无力，甚至有些虚假，他了解到孩子们除了需要精神上的支持外，更需要生活上的帮助。

丛飞的内心发生了质的变化，以致影响了他以后的人生。丛飞请求当地教育部门帮他挑选 10～20 个最贫困的失学儿童，他表示要负担这些孩子的学费和生活费。

1999 年夏天，丛飞第一次来到贵州一个山村，目睹了当地破旧的学校、四处漏风漏雨的茅草屋、衣衫不整的乡亲与失学在家的孩子，他被震撼了！从那时起，一直到病倒，丛飞一直怀着诚挚的爱心，致力于社会公益慈善事业，他在安顺市和织金县共认养了 126 个贫困学生。

一位曾经与丛飞同台演出过的魔术师这样评价他："他赚了很多钱，却好像一直没什么钱。"因为他曾经目睹了丛飞把自己刚刚赚到的 2 万元全部捐献给贫困地区的乡亲，还向同行的人借钱来施善。

他这种超乎常人想象的行为，令许多人肃然起敬，却也产生许许多多的社会争论与不解，正是这些不理解导致他的第一次婚姻走向破裂。然而即便如此，他还是没有停下他的善举，依然坚持他伟大而又感人的慈善事业，不愿放弃。

由于演出频繁，工作量大又不能按时进餐，丛飞的胃病越来越严重，但他还迟迟不肯就医，强忍着剧痛坚持参加东南亚海啸赈灾义演。由于治疗不及时，耽误了最佳的治疗时期，丛飞原本普通的胃病，已经发展成了胃癌晚期，癌细胞已经扩散到全身！

几年来，丛飞几乎把自己的钱都捐光了，甚至无法拿出钱来为自己治病。最终在社会热心人士的帮助下丛飞顺利接受了治疗，即使躺在病床上他还是执意把别人捐赠给他的 2 万元全部捐给了那些贫困的孩子。接受丛飞捐赠的孩子们得知丛飞爸爸重病时，都想亲眼看一看他。孩子们通过屏幕看到丛飞虚弱地躺在病床上，听着他轻轻地叫着每一个人的名字，不禁泪如泉涌。丛飞给孩子录下了这样一句话：“孩子们，爸爸不能亲自来看你们了，但爸爸很想念你们，希望你们能好好学习，将来成为一名对社会有用的人……”

丛飞的惊世之举让无数人为之感动，他一路走来，一路行善，倾其所有。即便是在生命的最后一刻，他仍不忘奉献社会，把自己的眼角膜捐献出来，为眼疾患者带来了希望和光明。

丛飞被评为“全国道德模范”，被授予全国青少年“身边最让我感动的人”等荣誉称号，获得中国青年志愿服务金奖、首届中华慈善奖。

丛飞让我们感动，让我们体会了生命的真实。虽然他英年早逝，但他的事迹、他的精神给我们留下了深刻的印象，引人深思。相信在这个和谐社会中有很多人为之感动，很多人也会伸出他炽热的双手去帮助那些需要帮助的人，我们会在身边看到丛飞的影子。我们会一直记得你——丛飞！

分享讨论：

（1）为什么丛飞能倾其所有资助失学儿童？

（2）你在丛飞身上学到了哪些宝贵的精神？

（3）如果你有一定的经济能力，你会选择帮助别人吗？说明理由。

师生总结：

助人为乐是中华民族的传统美德。心怀善良，主动为他人提供无私的帮忙，能够从中感到快乐。

二、了解正确的助人方法

俗话说：“一个篱笆三个桩，一个好汉三个帮。”人们生活的每时每刻都有可能需要别人的帮助。“赠人玫瑰，手留余香”，当有人需要我们帮助的时候，我们应该伸出援助之手。能够帮到他人是我们的一种幸福。但是，助人要选择正确的方法。

1. 用心聆听，学会停顿

倾诉会缓解焦虑，而聆听是决定疗效的关键。

聆听，不是保持沉默，而是用心仔细听对方说了什么、没说什么，以及真正的含义。聆听不是急于发表自己的意见、出主意，或者发问。事实上，聆听应该是用眼、用耳、用心听取对方的声音，而不是急于了解真相，立刻对事件下结论。这样可能会造成误会或者再次伤害倾诉者，好心办了坏事。

正确的方法是，找个相对隐蔽放松的空间，准备一些缓解压力的饮料和优美的音乐，营造轻松的谈话氛围。

在对话时，有时说，有时听，当听到自己不理解的问题时，就应该停顿下来问对方。

我们必须提醒自己，放慢不自觉产生的机械式反应，如想快速缓解对方的不安，因而没有正面思考问题，便直接跳到采取行动的阶段，说些或者做些自认为对对方有益的事。

从容不迫地停顿与思考，可让我们停止判断、停止反应，并产生好奇心。安慰的艺术在于在适当的时候说适当的话，要避免一时冲动说出不该说的话。

2. 给予安慰，提供实际帮助

给予安慰不是告诉别人"你应该觉得……"或是"你不应该觉得……"。人们有权利保留其真正的感受。安慰对方时不要对对方下判断，不要想他们正在受苦、需要接受帮助，应该给予对方空间和时间调整自己。不应该通过同意或反对对方的选择或决定来表达关心。

不需要帮别人找到所有问题的解决方案，即便是亲人也一样。我们可以尽力提供可用资源或有效的方式来帮助他们找到答案，如打电话寻找专家，或者为其提供一些相关书籍，或者为他们提供一个躲避的空间等让他们自己去寻找答案。

3. 与对方分享相似的经历

面对别人的苦痛，我们时常会想起自己一些类似的经历，应该找到合适的时机表达出来，让对方觉得这种痛苦并不只"垂青"于他。也许说出你的那段往事，会给他一些解决问题的提示。

4. 长期守候，充当"共鸣箱"

改变会带来混乱，快速适应变化比较困难。人们在经历巨变时，需要有人告诉他接下来该怎么办，某种选择会有什么后果。作为朋友，我们应该更多地关心对方，增加见面的机会，充当对方的"共鸣箱"，不厌其烦地为其提供帮助。

5. 勇敢地挺身而出

对自己不知该说什么而感到困窘是正常的。让我们想帮助的人知道我们的感觉，是一种好方法。甚至可以老实地说："我不知道你的感觉，也不知道自己该说什么，但是我真的很关心你。"即使觉得自己这样的表达可能不妥，也可以让对方觉得温暖，从而更快地调整好和别人沟通的状态。

活动延伸

（1）为同班同学或同伴提供一些力所能及的帮助。

（2）为父母做一件事。

（3）积极参加志愿者活动和义务劳动，主动为学校和社区做一些力所能及的事。

活动反馈

从以下两个实践活动中选择一个完成。

（1）以“我最引以为傲的助人为乐的一件事”为主题，做手抄报，在班内展示分享。

（2）以“最打动我的助人为乐的故事”为主题，做手抄报，在班内展示分享。

活动评价

针对学生完成活动的情况，填写课堂表现测评表和每月行为表现测评表。

课堂表现测评表

测评项目	分值	自我评分	小组评分	教师评分
课堂出勤	20			
发言积极性	20			
课堂过程参与度	20			
团队合作表现	20			
完成测试情况	20			

每月行为表现测评表

<table>
<tr><th>测评项目</th><th colspan="2">分值</th><th>自我评分</th><th>小组评分</th><th>教师评分</th></tr>
<tr><td>上课没玩手机</td><td colspan="2">20</td><td></td><td></td><td></td></tr>
<tr><td>没有吸烟</td><td colspan="2">20</td><td></td><td></td><td></td></tr>
<tr><td>没有喝酒</td><td colspan="2">20</td><td></td><td></td><td></td></tr>
<tr><td>不去网吧</td><td colspan="2">10</td><td></td><td></td><td></td></tr>
<tr><td>参加体育锻炼情况</td><td colspan="2">10</td><td></td><td></td><td></td></tr>
<tr><td>参加劳动情况</td><td colspan="2">10</td><td></td><td></td><td></td></tr>
<tr><td>仪容仪表</td><td colspan="2">10</td><td></td><td></td><td></td></tr>
<tr><td>基本分合计</td><td colspan="2">100</td><td></td><td></td><td></td></tr>
<tr><td rowspan="2">加分项（每次加 3～5 分）：
1．好人好事
2．参加志愿者服务或各种公益活动
3．协助班主任或学生科完成临时工作
4．及时向班主任反映并主动协助处理班级突发事件，避免事态扩大（加 20 分）
5．参加比赛获奖
6．其他</td><td>加分理由</td><td>加分值</td><td rowspan="2"></td><td rowspan="2"></td><td rowspan="2"></td></tr>
<tr><td></td><td></td></tr>
<tr><td rowspan="2">减分项（每次减 3～5 分）：
1．对他人有语言、文字或行动上的不文明行为（严重的减 10～20 分）
2．违反考勤纪律（按具体考勤制度减分）
3．违反仪容仪表的规定
4．违反考场纪律
5．抽烟、酗酒、打架、私自乱拉电线或违规使用电器（严重的每次减 20 分）
6．破坏公物，拒绝赔偿（每次减 20 分）
7．其他</td><td>减分理由</td><td>减分值</td><td rowspan="2"></td><td rowspan="2"></td><td rowspan="2"></td></tr>
<tr><td></td><td></td></tr>
</table>

活动十三　我自爱 拒诱惑

（一年级）

活动背景

中职生正处在人生的花季，对世界充满好奇，但缺乏自制力，面对社会各种诱惑，往往不知所措，稍不注意便容易偏离人生轨道，造成遗憾。学校有必要帮助他们正确分析自己所面对的烟、酒、赌、毒、网等诱惑，把握好自己，为走好今后的人生之路打下良好的基础。学会自爱向善，应从抵御诱惑开始。

活动目标

（1）认知目标：了解毒品、赌博、烟酒对身心健康的危害，树立对待烟、酒、赌、毒、网的科学态度。

（2）情感目标：认识到生命的珍贵，热爱生命。

（3）行为目标：能够抵御诱惑，掌握拒绝烟、酒、赌、毒、网和保护自己的方法。

活动准备

（1）师生搜索毒品图片以及因烟、酒、赌、毒、网等造成危害的案例。

（2）学生分组，每组4～6人；指定两位记分员。

（3）教师准备小纪念品若干。

活动思考

（1）你身边存在哪些诱惑？

（2）你是否有烟、酒、赌、毒、网等不良行为？

（3）你应该如何抵制诱惑？

活动过程

一、活动情境

1. 故事分享

“潘多拉”魔盒的传说

从前，有个人捡到了一个精美的盒子，上面写着：“记住，无论何时都不要打开这个盒子。否则，人类将要遭到灭顶之灾。”这个人开始被吓了一跳，没敢打开盒子。可不久他又感到好奇：“这盒子里面究竟装的是什么东西呢？什么东西会有如此强大的力量？”最终他经受不住诱惑打开了盒子。结果，盒子里的东西跑了出来。从此，人类就有了洪水、瘟疫等灾难。

原来这是一个“潘多拉”魔盒，里面装的都是邪恶。

2. 分组讨论

你认为生活中有哪些像“潘多拉”魔盒中的东西一样在引诱着你？

3. 师生总结

在实际生活中，烟、酒、赌、毒、网的诱惑非常大，就像“潘多拉”魔盒中的东西，容易让意志不坚定的人受骗，甚至走上不归路。

二、了解吸毒的危害

1. 抢答赛

（1）教师逐一展示毒品图片，让学生分辨。
（2）学生以小组抢答的形式参与活动。
（3）按各小组获得分数发放小纪念品。

2. 认识毒品

我们从图片中认识了毒品，知道了一些常见毒品的名称和它们的形状。毒品从广义上泛指可以对人体造成伤害的化学物质、毒物、毒剂，主要种类有鸦片、海洛因、吗啡、大麻、可卡因、冰毒、摇头丸、K 粉等。

毒品就像白色的恶魔，静悄悄地走到人们中间，死死地缠住那些无知或意志薄弱的人，吞噬着吸毒者的肉体，摧残着他们的心灵。

3. 学生吸毒的危害案例

2015 年 11 月 26 日，北京警方在北京迷笛音乐学校查获 16 名涉嫌吸毒的学生，将

他们全部拘留。警方表示，近年来毒品向在校生等未成年人群体扩散趋势明显。2015年4月17日，北京朝阳警方在朝阳区某个别墅区内抓获4名涉嫌吸食大麻的学生，其中一对黄姓双胞胎刚满18岁，正在一所“贵族学校”读高中。2015年3月10日，北京市昌平区还发生了一起在校学生因吸食冰毒过量死亡的案件。

毒品还会引发犯罪。据警方统计，吸毒、贩毒的青少年中有70%有其他刑事犯罪行为。

（1）小组讨论：大家知道毒品的危害有哪些吗？

（2）师生总结：吸毒的危害很多。吸毒会导致身体疾病，损害人体的神经系统、免疫系统等。吸毒会引发犯罪，扰乱治安；影响生产，造成浪费；破坏家庭，影响和谐。

三、了解吸烟、喝酒的危害

1. 信息分享

据世界卫生组织统计，每6秒就有一个人死于烟草危害，10%的成年人死亡是烟草危害造成的。在目前的吸烟者中，高达一半的人今后可能会死于烟草相关疾病。

实验表明，一支香烟所含的烟碱可使一只白鼠致死，20支香烟所含的烟碱可毒死一头牛。在法国举行的一次吸烟比赛中，有人连吸了60支烟导致当场死亡。吸烟不仅害己，还害他人，被动吸烟者所受毒害的程度也是惊人的，欧洲每年有将近14万被动吸烟者患癌症或心脏病去世。被动吸烟对青少年的伤害更大，在有吸烟者的环境中生活的孩子，患气喘病、支气管炎、肺炎和中耳炎的概率明显增加。若吸烟者从青少年时便开始吸烟并持续下去，就会有50%的机会死于与烟草相关的疾病，其中有一半的人将死于中年或70岁之前，损失大约22年的正常期望寿命。由于长期吸烟，从青年时期开始吸烟的任何年龄段的吸烟者都比同年龄段的不吸烟者的死亡率高约3倍。

2. 分享讨论

吸烟有什么危害？

3. 师生总结

吸烟对自身和社会的危害很大。吸烟危害人体神经系统、呼吸系统，可能诱发冠心病、高血压和多种癌症。长期吸烟在一定程度上会影响青少年的记忆力，降低智力水平和学习效率，影响青少年生殖系统的发育。吸烟不仅给吸烟者的自身造成巨大伤害，还会造成室内环境污染，危害他人身体健康。

同样，饮酒也不利于身体健康，其危害有以下几个方面。

（1）饮酒对人体脏器危害很大。饮酒后大部分酒精通过胃黏膜吸收，不仅对消化功能有抑制作用，还会刺激胃黏膜，使之产生充血性的慢性症状。过量饮酒，还会加重心脏负担，损害肝脏，引发肝硬化等疾病。

（2）过量饮酒易发生酒精中毒。饮酒过量时，轻者恶心呕吐，面色苍白，血压下降；

重者陷入昏迷，呼吸困难甚至窒息，因酒精中毒而死亡的事件时有发生。

（3）酒后行为易失控，可能诱发各种事故甚至危及生命，如与人争斗、醉驾等。

四、了解网瘾的危害

1. 故事分享

某县两个高中学生经常上网聊天。男生甲以女生的身份约男生乙在某处约会，男生乙信以为真，半夜翻过学校院墙，不幸将左腿摔折。后来，男生乙知悉此事，为报复将男生甲打成轻伤。

江西赣州市某中学的一名女生，与19岁的网上恋人“恋爱”三个月，由于“恋人”要与她分手，该女生不堪忍受“失恋”的痛苦而服毒身亡。

2016年新年刚过，北京市中小学心理咨询中心接到一位家长的来电，声称家中读高一的孩子小冬在寒假里抢到1000多元手机红包后，误以为发现了致富捷径，在家里吵着要休学。专家表示，小冬缺少正确的理财观。

2. 分享讨论

网络对我们有哪些影响？

3. 师生总结

网络不仅为我们提供了信息沟通与资源共享的好处，也对青少年造成极大的危害，如影响学习，荒废学业；摧残身体，危害健康；扭曲心态，毒害思想；滋生是非，诱发犯罪。

五、探寻青少年不良行为的诱因

1. 探寻酗酒吸烟的原因

（1）小组讨论：为什么有些青少年喜欢吸烟？

（2）师生总结：青少年吸烟，有的是出于好奇；有的认为吸烟能提神，提高学习效率；有的认为吸烟能缓解压力，消除疲劳；有的认为吸烟能够体现男子汉气魄，看起来很酷、很时尚；还有的认为“烟酒不分家”，用“烟酒铺路”可以使人与人之间的关系更融洽。这些观点都是错误的。

2. 探寻吸毒的原因

（1）小组讨论：为什么有些青少年会陷入吸毒的深渊？

（2）师生总结：有些人吸毒是出于好奇，想“抽着玩玩”“尝尝新鲜”；有些人是为了娱乐和消遣，把吸毒当作享乐的方式；有些人是为了突显自我，把吸毒看作一种时尚的行为；有些人是盲目从众，看朋友在吸毒，自己也跟着一起吸毒。

3. 探寻上网成瘾的原因

（1）小组讨论：为什么有些青少年会深陷网络虚拟世界？

（2）师生总结：网络信息太多了；看视频追电视剧；生活、学习无目标，上网聊天交友消磨时间；学习成绩差，玩游戏过关斩将寻求成就感；人际关系不良，只能埋头网络；上网有红包可收；兴趣爱好单一，生活无聊。

六、了解抵御烟、酒、赌、毒、网诱惑的方法

1. 故事品读

传说古希腊有一个海峡女巫，她用自己的歌声诱惑所有经过这里的船只，使它们触礁沉没。智勇双全的奥德赛船长勇敢地接受了横渡海峡的任务。为了抵御女巫的歌声，他让船员把他紧紧地绑在桅杆上，这样，即使他听到歌声也无法指挥水手；让所有的船员把耳朵堵上，使他们听不到女巫的歌声。结果，船只顺利地渡过了海峡。

（1）小组抢答：奥德赛船长靠什么使船只顺利通过了海峡？这个故事说明了什么？

（2）师生总结：勇敢的人敢于战胜诱惑，聪明的人总是能想出各种办法抵御诱惑。我们如何才能战胜欲望，远离毒品、烟酒及网络等诱惑的危害？

2. 抵御诱惑的方法

（1）结果联想抵御诱惑。为了坚定自己抵御诱惑的决心，我们可以联想自己拒绝诱惑后的美好前景和未来，还可以联想不能拒绝诱惑的后果。例如，想象自己拒绝电子游戏、黄色书刊等诱惑后，努力学习，毕业后从事自己感兴趣的工作，幸福愉快地生活。

（2）请求他人帮助。单靠自己的力量有时很难战胜对自己具有强烈吸引力的诱惑，在这种情况下，我们可以请求他人（如父母、老师、同学和朋友）的帮助和监督，在他们的不断鼓励、鞭策下，增强自己抵御诱惑的能力。

（3）避开诱因、转移视线。参加积极健康的班集体活动、社团活动，或者多与同学交流谈心，避开诱因，转移视线。这种方法适用于诱惑出现的起始阶段。

（4）婉言谢绝，提高自制力。当诱惑来自他人（如做作业时朋友在看电视或玩游戏，同学参与赌博还想拉自己“入伙”），我们可以依靠自己的自制力、智慧和一定的技巧来回绝他人。

（5）专时专用，改正不良习惯。为了防止自己着迷于做某件事情而超时，应严格分配自己的时间，做到专时专用。例如，学习时间，应该认真学习；锻炼时间，应该进行体育锻炼；娱乐时间，可以适当开展一些自己感兴趣的活动，调节自己的身心；休息时间，应该好好休息。将自己可以支配的时间进行周密合理的安排，专时专用，使自己的生活有序、充实。

（6）培养良好的兴趣爱好。积极参加学校组织的兴趣社团活动，每天坚持参与体育

锻炼，增强身体素质。充实过好每一天，脱离低级趣味，才能远离诱惑。

3. 教师寄语

外面的世界很精彩，各种各样的诱惑很多。要抵御烟、酒、赌、毒、网的诱惑，关键是要提高认识、增强自控能力；在日常生活中面临两难选择时，要头脑清醒，设立行为底线。

活动延伸

观看禁毒图片展。

活动反馈

从以下两个实践活动中选择一个完成。

（1）以“远离烟、酒、毒、赌、网，我能行”为题，每人写一篇学习心得，要求300字以上。

（2）以“远离烟、酒、毒、赌、网，我能行”为主题做手抄报，在校内展示宣传。

活动评价

针对学生完成活动的情况，填写课堂表现测评表和每月行为表现测评表。

课堂表现测评表

测评项目	分值	自我评分	小组评分	教师评分
课堂出勤	20			
发言积极性	20			
课堂过程参与度	20			
团队合作表现	20			
完成测试情况	20			

每月行为表现测评表

测评项目	分值	自我评分	小组评分	教师评分
上课没玩手机	20			
没有吸烟	20			
没有喝酒	20			
不去网吧	10			
参加体育锻炼情况	10			
参加劳动情况	10			
仪容仪表	10			
基本分合计	100			

续表

测评项目	分值		自我评分	小组评分	教师评分
加分项（每次加3～5分）： 1. 好人好事 2. 参加志愿者服务或各种公益活动 3. 协助班主任或学生科完成临时工作 4. 及时向班主任反映并主动协助处理班级突发事件，避免事态扩大（加20分） 5. 参加比赛获奖 6. 其他	加分理由	加分值			
减分项（每次减3～5分）： 1. 对他人有语言、文字或行动上的不文明行为（严重的减10～20分） 2. 违反考勤纪律（按具体考勤制度减分） 3. 违反仪容仪表的规定 4. 违反考场纪律 5. 抽烟、酗酒、打架、私自乱拉电线或违规使用电器（严重的每次减20分） 6. 破坏公物，拒绝赔偿（每次减20分） 7. 其他	减分理由	减分值			

活动十四　我自强 会规划

（二年级）

活动背景

中职生心中“理想的自我”与天天看到、听到、接触到的客观现实经常会产生碰撞和冲突。很多中职生存在怨天尤人的心态，学习的主观能动性差。因此，学校有必要进一步加强对他们自我意识的引导，帮助他们形成“适合自己才是最好的”价值观念，培养他们自强不息的优良品质，鼓励他们抓住每一个机遇，努力学好专业知识和技能，为顺利就业打下良好的基础。

活动目标

（1）认知目标：认识到社会对个体的需求是多元的，自强不息是中华民族的优良品质，中职阶段的学习经历也有其发展优势。

（2）情感目标：培养自强不息的精神，形成正确的学习态度。

（3）行为目标：确定自己的发展方向，做好发展规划，坚持不懈努力实现。

活动准备

（1）师生搜集中职生自强不息的案例。教师准备小鸡、小鸭、小鸟、小兔、小山羊、小松鼠等小动物图片；准备一些小纸条、分别写下“唱歌”“跳舞”等表示动作的词语；准备足够的信封和胶水。

（2）学生分组，每组4～6人。

（3）准备笑脸贴纸、适合自己的发展项目列表。

活动思考

（1）你的发展目标是什么？

（2）你是如何规划自己的未来的？

活动过程

一、做游戏，谈启发

全班进行“动物情境对对碰”的游戏。

（1）活动规则：教师将装有小动物图片的信封封好，并编号，各小组派一名学生抽取一个信封；教师将装有“唱歌”“跳舞”等纸条的信封封好并编号，各小组另派一人抽取其中一个。教师发出“打开”指令后，各小组统一打开信封，并派代表在30秒内表演所抽取动物做出抽取动作的情景。

（2）注意事项：各小组不得提前打开信封；对表演的同学给予掌声鼓励。

讨论：

为什么有的小组表演时，大家会大笑？这个游戏给你的启发是什么？

教师点评：

小鸡会游泳、小兔会飞、小鸭爬树等情景在现实中不可能发生，同学们表演起来就会让人觉得可笑。因此，只有适合自己的才是最好的。

二、故事分享与讨论

故事1

适合的才是最好的

初中三年，蔡安迪用“调皮”两字来形容自己。初中时蔡安迪的成绩一直很差，考不上高中是全家意料之中的事。有一次，中学组织初三学生去某中职学校参观，蔡安迪对这所学校的第一印象很好，便决定报考这所学校。蔡安迪是体育特长生，到中职学校后，进一步发展了自己的特长，还当上了班长，并在学校艺术节担任司仪，参加营销比赛并获得了第二名。蔡安迪的妈妈说：“在班主任的努力下，蔡安迪在一点点进步。现

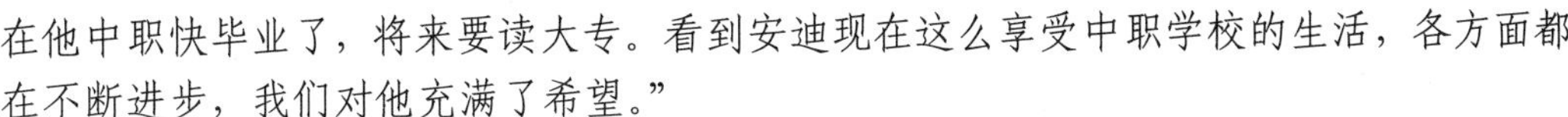

在他中职快毕业了，将来要读大专。看到安迪现在这么享受中职学校的生活，各方面都在不断进步，我们对他充满了希望。”

分享讨论：

你选择到中职学校读书后悔吗？

师生总结：

每个人都是世界上独一无二的，都是优秀、可爱的可塑之材。只有正确认识中职教育，发扬自强不息的优良传统，扬长避短，努力提高综合素质，才能取得成功。自强意味着自力更生、奋发图强，意味着知难而进，顽强拼搏。

故事 2

读中职同样能成就伟大人生

王涛中考失利后进入青岛市第一职业高中烹饪专业学习。入学后，他重新树立了远大的理想，从自卑的阴影中走出来。他说，“虽然我没能读普通高中上大学，但我也要掌握一技之长，以后我要当一名餐厅经理。”王涛在三年的职高生活中，认真学习基础知识和专业技能，并在某年的全国烹饪技能比赛中荣获“青岛市十大名牌小吃能手”称号。毕业后，他在青岛市开了一家“砂锅小米饭店”，开始了创业之路。仅十年时间，“砂锅小米饭店”在山东已有 10 家连锁店，王涛的资产达千万元。王涛创业成功了，他还每年向孤儿院、“希望工程”捐款，帮助下岗工人再就业。

分享讨论：

王涛的成长经历对你有什么启发？

师生总结：

古人云：“有志者事竟成。”没有志向，天才也会在迷途中无功而返。中职教育是国家培养人才的重要渠道之一，有其发展的优势。中职学校的专业设置更符合社会需求，强调技能的培养，注重学生综合能力的提升。只要执着地追求既定的目标，增强信心，自强不息，中职学校毕业生同样会受到社会各行各业的欢迎。

故事 3

学会规划是成功的前提[①]

选择一个合适的职业，是一个人走向成功最短的一条路。如果说职业是通向成功的一条直线，那么在职业生涯中不断的进取和努力，就是这条线上的每一个点；由这些点构成的每一条线段，连成了通向职业生涯最高目标的路程。

1. 兴趣爱好

我有一定的艺术天分，喜欢绘画和形体艺术，但总不按部就班、规规矩矩，而是异

① 选自河北省廊坊市食品工程学校陈闯的作品，有删改。

想天开，自我创新。还有一个爱好，羞于说出口，那就是——喝酒！但我可不是酒鬼，我只是喜欢酒的那种醇香！

2. 生活环境

我家在农村，但是，是属于那种城市边缘的农村。所以，在我的成长过程中，像城市的孩子一样上幼儿园、去少年宫，我对于绘画和形体艺术的热爱，就是从参加少年宫的活动过程中培养起来的。而对于酒的热爱，则可能是遗传——我的父亲也喜欢。我学的是食品（生物）工艺专业，和酒有千丝万缕的联系。

3. 现在的我与将来的我的差距

我的理想是开一间酒吧，成为一名优秀的调酒师。但是，现在的我对于调酒这个职业了解还有限，对于酒吧的经营管理也不甚了解。同时，成为一名调酒师应有的一些技能，我也不太突出，例如，嗅觉、味觉的灵敏度还需要训练。但是我相信，凭借我对职业的热爱，通过勤奋努力，我一定能够实现自己的理想！

4. 阶段规划

在校期间打好专业基础（18~21 岁）→酒吧打工（21~23 岁）→针对性学习调酒技艺（23~25 岁）→做调酒师（25 岁）→拥有自己的酒吧（30 岁）→向更专业化、国际化水平发展（25~35 岁）→成为具有国际水平的高级调酒师（35 岁）。

5. 具体措施

（1）在校期间打好专业基础。我的理想是成为一名高级调酒师，但是我现在对于各种饮料和酒水的品质鉴定、颜色调配、造型艺术等基础知识十分欠缺，必须认真学好专业课，并利用课余时间收集饮料、调酒等方面的信息，学习有关专业书籍。

（2）酒吧打工。因为调酒师的工作一般都是在酒吧中，所以毕业之后，我要找一份酒吧的工作，可以是 DJ，可以是服务生，甚至可以是洗盘工……我的目的有两个：一是自力更生，存一点钱；二是与酒吧中的调酒师进行交流，了解这一行业的特点，请教他们如何提高自己味觉和嗅觉的灵敏度。

（3）针对性学习调酒技艺。经过两年的打工，我对于调酒师的工作特点已经有了一定了解，也存够了一笔学费。这时，我会向有经验的调酒师请教，上网查询，为自己选一所专业培养调酒师的学校，开始迈出成为调酒师的第一步。

（4）做调酒师。我相信通过专业培训，我对调酒工作已经有了一个全新的认识，并掌握了一定的调配技能，连续取得初级、中级调酒师资格。这时，我应该可以完全胜任一家普通酒吧的调酒师了！

（5）拥有自己的酒吧。通过在酒吧中工作，在实践中不断提高自己的调酒技能。随着资金的积累、人际关系的不断成熟，我可以开自己的酒吧了！

（6）向更专业化、国际化水平发展。

① 参加比赛，在竞争中提升自己的能力。由于调酒的文化性、知识性、技术性、观赏性都很强，所以无论国际还是国内都经常举办“调酒师大赛”，这种赛事成为调酒

师互相交流学习的一个平台，也是一种提高自己水平的手段。开设自己的酒吧后，我会更多地参加此类比赛，找到与他人的差距，并不断地赶上去，充实自己、提高自己！

② 出国深造，缩短与国际水平的差距。当具有一定的专业水平之后，我要到国外进行短期的专业培训，拓宽自己的视野，缩短自己与国际先进水平的差距。

（7）成为具有国际水平的高级调酒师。专业学校的学习，十几年的实践经验和国际大赛的历练，使我很快地成熟起来。这时的我，将真正地在我热爱的调酒行业中闯出一片天地，成为具有国际水准的高级调酒师。

“阳光总在风雨后”，我相信只要我付出、我坚持、我努力、我向上，多高的理想都不遥远，我的职业生涯将沿着我的规划，踏踏实实、一步一个脚印地走下去！

分享讨论：

这一份职业生涯规划书对你有何启示？

师生总结：

要想取得成功，做好规划是关键。首先要正确认识自己，了解职业特点和技能需求，确立各阶段的目标和拟采取的行动措施，一步一个脚印，方能成功。

故事 4

坚持到底才有成功的希望

某中职学校 1992 级模具班的学生小刘，1996 年毕业时与同班 7 名同学同时被一家私人企业录用。顶岗实习期间，工作环境不太好，劳动强度很大，经常要加班，工资也很少。那时企业刚引进一条先进的生产线，急需技术能力强的工人操作。实习过程中，其他 6 名同学顶不住压力纷纷离开了企业，只有小刘一个人坚持了下来，他认为虽然辛苦，但真的可以学到东西。经过三年的坚持，小刘基本上把生产线各个环节的技术都掌握了，成为能够独当一面的技工。这时候，东莞一家企业了解到小刘的情况，用高薪把小刘“挖”了过去。在新的企业中，小刘因为已有坚实的基础，练就了一流的技术，很快就站稳了脚跟，几年间在企业的几次技术攻关中都起到了决定性的作用，慢慢地在行业内小有名气，从而引起了猎头公司的注意。在小刘毕业快 10 年时，猎头公司将他引荐给上海一家知名的外资公司。跳槽到外资公司后，小刘凭着扎实的技术和良好的人缘，让公司的管理者对他刮目相看，公司特意送他到德国学习更新的技术。一年后小刘学成回国，公司为让他更好地为企业服务，在上海分配给他一套房子，他的月薪也达到了 20 000 元，这时他还不到 35 岁。

分享讨论：

小刘成功的原因是什么？

师生总结：

作为中职生，小刘非常明确自己的定位和奋斗目标，他自强不息，勤学苦干，最终掌握了精湛的技术，成为独当一面的技术工人。

三、寻找适合自己的奋斗方向

在中职学校里，每个人都有同等概率的机遇，而机遇与挑战总是并存的。只有明确自己的发展方向，一步一个脚印地努力奋斗，才能把握住属于自己的机遇，顺利实现自己的发展目标。一个苹果是否好吃，自己尝过就能知道，可一个人的人生定位和努力方向是否适合自己，却不一定都清晰。让我们静下心来，倾听自己的心声，找出自己心中的目标，把它写下来，为自己的发展作个规划。

寻找适合自己的努力方向时，只有从细小的方面入手，才能让自己更容易看得清楚。请在下面的列表中，选择一至两个项目进行自我分析。

适合自己的近期目标，如：

学习方面：____

适合自己的发展措施：______________________________（可以选择最佳学习时间、学习方法、学习环境、最可能提高成绩的学科、最感兴趣的学科等）。

素养方面：____

适合自己提升素养的途径：__________________________（可以是读书、阅报、运动、书法等）。

为了实现的目标，不妨每天坚持做三件事：

A. ____

B. ____

C. ____

学生自我分析后，在小组内与同伴分享与探讨。最后随机请学生分享，及时鼓励，为学生贴笑脸贴纸。

四、培养自强不息的精神

“自强”语出“天行健，君子以自强不息”（《周易》）。自强的表现：在困难面前不低头，不灰心丧气；自尊自爱，不卑不亢；勇于开拓，积极进取；志存高远，执着追求。只要我们选准航向，战胜自身的弱点，发挥自己的特长，就能在自强的人生征途中，劈波斩浪，抵达成功的彼岸。培养自强不息精神的方法如下。

1. 树立理想（航标）

（1）理想是自强的航标。没有理想，就没有动力，就会在困难面前放弃努力。有了理想，就有了奔头，有了进取的恒久动力。所以，要自强，首先就要树立坚定的理想。

（2）为人生的理想执着追求，是所有自强者的共同特点。真正的强者确定了自己的目标后，就会不屈不挠地坚持，矢志不渝地奋斗，直到成功。

2. 战胜自我（关键）

（1）自强的人不是没有弱点的人，而是勇于并善于战胜弱点的人。人最大的敌人不是别人，而是自己。能够战胜自己的人，必定能自强。

（2）自强的人都会面临一只拦路虎，那就是放任自我。只有战胜它，才能自强，才会进步。

3. 扬长避短（捷径）

（1）要想自强和成功，就一定要认识自己的长处、自己的天赋、自己的兴趣，要发扬自己的长处，避开自己的短处。

（2）根据自己的爱好和兴趣确定自己努力的方向，我们的主动性就会得到充分发挥。

活动延伸

每天总结自己当天为奋斗目标所做出的努力，并持之以恒。

活动反馈

设计一份职业生涯规划书。

活动评价

针对学校完成活动的情况，填写课堂表现测评表和每月行为表现测评表。

课堂表现测评表

测评项目	分值	自我评分	小组评分	教师评分
课堂出勤	20			
发言积极性	20			
课堂过程参与度	20			
团队合作表现	20			
完成测试情况	20			

每月行为表现测评表

测评项目	分值	自我评分	小组评分	教师评分
课堂纪律情况	20			
作业完成情况	20			
参加社团情况	20			
参加技能竞赛情况	10			
参加体育锻炼情况	10			
参加劳动情况	10			
仪容仪表	10			
基本分合计	100			

续表

测评项目	分值		自我评分	小组评分	教师评分
加分项（每次加 3～5 分）： 1．好人好事 2．参加志愿者服务或各种公益活动 3．协助班主任或学生科完成临时工作 4．及时向班主任反映并主动协助处理班级突发事件，避免事态扩大（加 20 分） 5．参加比赛获奖 6．其他	加分理由	加分值			
减分项（每次减 3～5 分）： 1. 对他人有语言、文字或行动上的不文明行为（严重的减 10～20 分） 2．违反考勤纪律（按具体考勤制度减分） 3．违反仪容仪表的规定 4．违反考场纪律 5．抽烟、酗酒、打架、私自乱拉电线或违规使用电器（严重的每次减 20 分） 6．破坏公物，拒绝赔偿（每次减 20 分） 7．其他	减分理由	减分值			

活动十五　我乐观 我自信

（一年级）

活动背景

很多中职生优越感差，当受到家长的埋怨、教师的指责时，容易形成一种自卑的心理。长期沉浸在颓丧、抑郁的情绪中，容易对学习丧失信心。学校有必要帮助他们正确分析自己在学习生活中遇到的困难和挫折，帮助他们形成乐观的心态，能够正视自己，学会笑对人生，重拾自信。

活动目标

（1）认知目标：了解人生将会遇到无数挫折，不要轻易被击败。

（2）情感目标：感悟受挫并不可怕，悲观、放弃，不能重新站起来才更可怕。形成乐观的态度，树立信心。

（3）行为目标：为自己制定新学年的奋斗目标，积极向上，不断进步。

活动准备

（1）学生每人至少准备一张便利贴。

（2）教师准备技能节的获奖证书和背景音乐。

（3）全班学生分成4～6组，可以根据学生的自信程度进行同质分组或异质分组。

活动思考

（1）乐观的态度能给我们的学习和生活带来什么益处？

（2）自信的力量来自哪里？

（3）如何才能做到乐观、自信？

活动过程

一、读故事，应挫折

故事

跳蚤的故事

有一位教授曾做过一个实验：他将一只跳蚤放进一个容器里，容器的高度刚好为跳蚤能够达到的位置。为防止跳蚤从容器里跳出，教授特地在上面放了一块玻璃隔着。

第一天，跳蚤表现得十分活跃，它一次又一次地撞击着玻璃，大有不达目的不罢休之势。可是，它的力量实在太单薄了，无论怎么努力，始终无法冲破玻璃的阻隔。过了几天，教授再去观察，发现跳蚤上跳的频率明显降低了，它没了先前的冲劲和锐气，变得有些懒惰和绝望了。又过了几天，教授再去观察，发现跳蚤几乎完全丧失了斗志，只是在容器底部跳来跳去……随后，教授将容器上方的玻璃抽掉，他以为跳蚤会一下子蹦出来。但出乎意料的是，跳蚤丝毫没有这样的举动，它已经完全失去了摆脱困境的斗志。

分享讨论：

如果你是那只被困的跳蚤，你会怎么做？为什么？

师生总结：

每个人都有遇到挫折的时候，但千万不要因一时受挫而对自己的能力产生怀疑，进而形成一种压力。当你遇到挫折的时候，应该保持头脑清晰，勇敢面对，不要逃避。当你遇到困难的时候，请记住一句话——没有永远的困难，也没有解决不了的困难，只是解决时间长短不同而已。

二、赏案例，树自信

不论是处于顺境还是逆境，都能保持积极向上、乐观面对，是一种充满正能量的处世哲学。

自信是对自身力量的确信，深信自己一定能做成某件事，实现所追求的目标。把许多“我能行”的经历归结起来就是自信。

故事1

依靠自己站起来①

欧洲某国有一个经理，他把自己多年以来的积蓄全部投资在一项小型制造业上，之

① 选自精品学习网作文素材。

后第一次世界大战的爆发，他因为无法取得工厂所需要的原料，只好宣告破产。

金钱的丧失、工厂的倒闭，使他大为沮丧。他认为是他把家人害得没有了一切，于是他离开妻子儿女，成为一名流浪汉。过去失败的一幕时常在他的脑海里上演，他对于这些损失无法忘怀，总是徘徊在过去，不肯为今后的日子打算，而且越来越难过。到最后，他甚至想要跳湖自杀。

一个偶然的机会，他看到了一本名为《自信心》的书。这本书的内容全是有关怎样帮助人树立信心、恢复信心的。这本书给他带来了勇气和希望，他决定找到这本书的作者，请作者帮助他再度站起来。

于是，他四处打听，终于找到了作者。听完他的故事后，那位作者却对他说："我已经以极大的兴趣听完了你的故事，我希望我能对你有所帮助，但事实上，我却绝无能力。"

流浪汉的脸立刻变得苍白，他默默地待了几分钟，然后低下头，喃喃地说道："这下完了。"

作者停了几秒钟，然后说道："虽然我没有办法帮你，但我可以介绍你去见一个人，他可以协助你东山再起。"听到这几句话，流浪汉立刻跳了起来，抓住作者的手说道："看在上帝的份上，请带我去见这个人。"

他跟着作者走到里边的卧室，作者把他带到一面高大的镜子面前，用手指着说："我介绍的就是这个人。在这世界上，你只有靠这个人的帮助才能够东山再起。但是你必须安静地坐下来，好好地看清楚他，彻底地认识他，否则你只能跳到湖里。因为在你对这个人充分认识之前，对于你自己或这个世界来说，你都将是个没有任何价值的废物。"

流浪汉朝着镜子走了几步，用手摸摸他长满胡须的面孔，对着镜子里的人从头到脚打量了几分钟，然后退几步，低下头，开始哭泣起来。等了一会儿，他就走了，也没对作者说什么。

几天后，作者在街上碰见这个人时，已经几乎认不出他了：他的步伐轻快有力，头抬得高高的。他从头到脚打扮一新，看起来很成功的样子。

作者看到后，有点不敢相信自己的眼睛，走过去打了个招呼。当初的流浪汉很兴奋地说道："那一天我离开你的办公室时还只是一个流浪汉。我对着镜子找到了自信。现在我找到了一份年薪 3000 美元的工作。我的老板预支给我一部分钱让我给家人。我现在又走上成功之路了。"他顿了顿，接着又风趣地对作者说，"我正要前去告诉你，将来有一天，我还要再去拜访你一次。我将带一张支票，签好字，收款人是你，金额是空白的，由你填上数字。因为你使我重新认识了自己，幸好你让我站在那面大镜子前，把真正的我指给我看。"

分享讨论：

是什么原因让一个工厂经理成了流浪汉？又是什么原因让流浪汉成为一名成功人士？

师生总结：

在世界上，只有你自己才能帮助自己东山再起；也只有你自己，才能认识到自己的价值。有了自信，才能充分认识自己，承受各种考验、挫折和失败，敢于争取最后的胜利。

故事 2

成功需要一颗快乐的心来支撑

有一位老人在 68 岁时遭受了严重的挫折，他奋斗了几十年享誉全国的零售集团在一夜之间破产了。人们看着这位闻名遐迩的世界级企业家遭受如此灾难性的失败，议论纷纷。有人认为他将心随天命，穷困潦倒，度过余生；甚至有人认为他会选择结束自己的生命。

然而，事业的大厦轰然倒地，并没有使这位老人从此倒下去，他依然精神十足，匆匆行走在大街小巷。过了一段时间，老人和几个年轻人携手合作，开办了一家网络咨询公司，向自己陌生的产业发起了挑战。面对新的行业，老人并没有缩手缩脚，脸上始终充满了微笑。他虚心好学，不耻下问，加上他合理地运用了过去经营零售业积累起来的经验，没多久就把生意做得红红火火。一年后，老人重新堆砌的事业大厦又屹立在人们面前。

当记者采访老人，问他为何能够在几年时间里反败为胜、东山再起时，老人大笑起来，久久不语。记者等了好久，老人也未给出答案，而是又忙自己的事了。记者疑惑地又重复提起这个话题，老人第二次大笑起来，他只说了短短一句："其实，我已给出了答案!"此时，记者才恍然大悟——快乐心情是老人反败为胜、东山再起的法宝。

这位老人就是日本当时八佰伴集团的总裁和田一夫。

在商场的长期拼搏奋斗中，和田一夫悟出了这样一个简明的道理：生活就是一束阳光，你站在阳光中，迎着阳光向前看，满眼光明，身心温暖，力量倍增；转过身，俯视阴影，满目黯然，暗自神伤。面对阳光和阴暗的两种心态，完全由个人来掌握。选择前者，你将积极快乐地向前走；选择后者，你将沉沦于悲观沮丧，举步不前。

分享讨论：

如何提高自信心？

师生总结：

和田一夫反败为胜的故事告诉我们这样一个道理——成功需要一颗快乐的心来支撑。忽略了这一点，我们将终生与成功失之交臂。我们左冲右突难以突围，心情沮丧之时，何不尝试一下以快乐的心情去走另一条路径呢？乐观非常重要。首先，要克服自卑的心理，树立自信心，每天在心中默念"我能行"。每个人都只有一个脑袋、两只手，

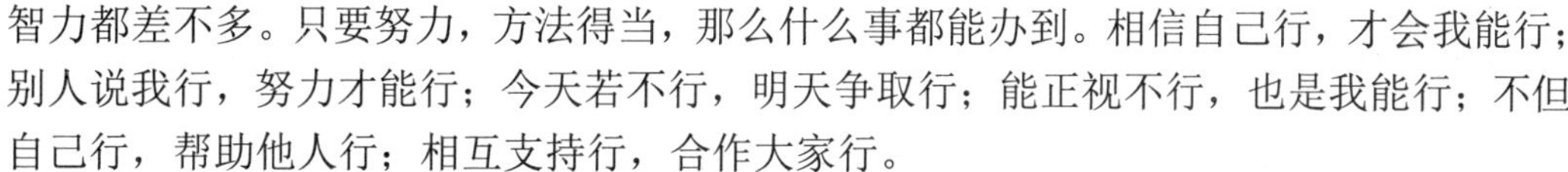

智力都差不多。只要努力，方法得当，那么什么事都能办到。相信自己行，才会我能行；别人说我行，努力才能行；今天若不行，明天争取行；能正视不行，也是我能行；不但自己行，帮助他人行；相互支持行，合作大家行。

其次，每天都要保持甜美的笑容。没有信心的人，经常眼神呆滞，愁眉苦脸，而雄心勃勃的人，则眼睛总是闪闪发亮，满面春风。人的面部表情与人的内心体验是一致的。笑是快乐的表现。笑能使人产生信心和力量；笑能使人心情舒畅，精神振奋；笑能使人忘记忧愁，摆脱烦恼。学会微笑，学会在受挫折时笑得出来，就会提高自信心。

最后，做人一定要昂首挺胸，也要学会主动与他人交往。遇到挫折而气馁的人，常常垂头，这是失败的表现，是没有力量的表现，是丧失信心的表现。成功的人总是昂首挺胸，意气风发。昂首挺胸是富有力量的表现，是自信的表现。

三、实践活动

（1）每个学生在便利贴上写下下学期的奋斗目标，并写一句鼓励自己的话。

（2）小组分享：每位小组成员在组内面带微笑、大声地说出自己的奋斗目标，并高喊："我行，I can do it！"组内成员给予掌声鼓励，并大声为组员鼓气："我们相信你！"

（3）学生将写着奋斗目标的便利贴贴在课室的"学习园地"里，时刻提醒自己。

（4）教师将每位学生的自信瞬间照片放到家校互动平台的相册或班群相册里，让每位家长都能看到自己孩子乐观自信的面貌。

四、教师寄语

人生的道路充满了坎坷与荆棘，有时会遇到挫折、困难，我们不必悲伤，这样的事情人人都会遇到，上帝没有偏袒谁，也没有对谁不公。

遇到挫折、失败，不要灰心丧气，要勇敢、笑着面对，相信自己一定能行，一定能成功。

活动延伸

自我剖析：我足够自信吗？

如果答案是否定的，每天自我暗示三次："我能行。"记录自己1个月、2个月和一学期后的变化。

活动反馈

（1）以"我乐观，我自信"为题，每人写一篇学习心得，要求300字以上。

（2）以"学生的奋斗目标"为主题做一期"学习园地"，在班内展示。

活动评价

针对学生完成活动的情况，填写课堂表现测评表和每月行为表现测评表。

课堂表现测评表

测评项目	分值	自我评分	小组评分	教师评分
课堂出勤	20			
发言积极性	20			
课堂过程参与度	20			
团队合作表现	20			
完成测试情况	20			

每月行为表现测评表

<table>
<tr><th>测评项目</th><th colspan="2">分值</th><th>自我评分</th><th>小组评分</th><th>教师评分</th></tr>
<tr><td>上课没玩手机</td><td colspan="2">20</td><td></td><td></td><td></td></tr>
<tr><td>没有吸烟</td><td colspan="2">20</td><td></td><td></td><td></td></tr>
<tr><td>没有喝酒</td><td colspan="2">20</td><td></td><td></td><td></td></tr>
<tr><td>不去网吧</td><td colspan="2">10</td><td></td><td></td><td></td></tr>
<tr><td>参加体育锻炼情况</td><td colspan="2">10</td><td></td><td></td><td></td></tr>
<tr><td>参加劳动情况</td><td colspan="2">10</td><td></td><td></td><td></td></tr>
<tr><td>仪容仪表</td><td colspan="2">10</td><td></td><td></td><td></td></tr>
<tr><td>基本分合计</td><td colspan="2">100</td><td></td><td></td><td></td></tr>
<tr><td rowspan="2">加分项（每次加 3～5 分）：
1．好人好事
2．参加志愿者服务或各种公益活动
3．协助班主任或学生科完成临时工作
4．及时向班主任反映并主动协助处理班级突发事件，避免事态扩大（加 20 分）
5．参加比赛获奖
6．其他</td><td>加分理由</td><td>加分值</td><td rowspan="2"></td><td rowspan="2"></td><td rowspan="2"></td></tr>
<tr><td></td><td></td></tr>
<tr><td rowspan="2">减分项（每次减 3～5 分）：
1．对他人有语言、文字或行动上的不文明行为（严重的减 10～20 分）
2．违反考勤纪律（按具体考勤制度减分）
3．违反仪容仪表的规定
4．违反考场纪律
5．抽烟、酗酒、打架、私自乱拉电线或违规使用电器（严重的每次减 20 分）
6．破坏公物，拒绝赔偿（每次减 20 分）
7．其他</td><td>减分理由</td><td>减分值</td><td rowspan="2"></td><td rowspan="2"></td><td rowspan="2"></td></tr>
<tr><td></td><td></td></tr>
</table>

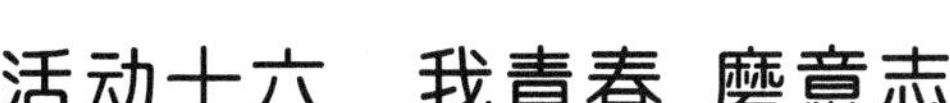

活动十六 我青春 磨意志

（二年级）

活动背景

二年级中职生在学习和生活中，有时会有意志薄弱、经不起挫折、遇难而止等表现。意志坚强的学生，常常能够克服自己智力上的某些不足而实现学习或工作目标，一定程度上会影响他们一生的发展。学校有必要引导学生悦纳自我，懂得珍惜青春；学会正确对待挫折（学习、升学、就业等），发挥自己的主观能动作用，努力克服各种困难，以顽强的意志行动实现既定目标，成为具有全面素质和综合职业能力的应用型专门人才。

活动目标

（1）认知目标：认识到自己正拥有风华正茂的青春，不应随心所欲，蹉跎青春，而应努力克服各种困难，向自己的既定目标前进。

（2）情感目标：意识到只有在学习和生活中严格要求，自我锻炼，意志才可能坚强起来。

（3）行为目标：树立自强进取的信念和信心，培养勇于克服困难的意志力和坚持不懈的生活态度。

活动准备

（1）全班学生分为4～6组，每组4～6人，采取自愿分组形式。

（2）教师准备秒表、记录纸、意志力测试题（每组一张）、音乐（适合比赛用）。

活动思考

（1）坚强的意志能给你带来什么益处？

（2）如何锻炼自己的意志？

活动过程

一、了解意志力

（一）分组分享

一年级开学制定的学习目标，到二年级的期末有多少同学实现了呢？为什么会这样？

（二）词义解释

意志是指人们自觉地确定目的，根据目的支配、调节自己的行为，并通过克服困难实现预定目标的心理过程。意志是内部意识向外部行为的转化。人的一切有目的、有计划、有意识的行动，都属于意志行动。

你经历过这些挣扎吗？

VS

制订计划，每天阅读1小时
每天练习俯卧撑50次
一定不要再吃垃圾食品了

算了，有空还是玩玩手机
胳膊好疼，太累，放弃
偶尔吃点没事

VS

克服冲动、深谋远虑

任意妄为、及时行乐

二、故事分享与讨论

故事

张三找座位

张三经常出差，却买不到坐票。可是无论长途短途，无论车上多挤，他总能找到座位。他的办法其实很简单，就是耐心地一节车厢一节车厢找过去。这个办法听上去似乎并不高明，但很管用。每次，他都做好了从第一节车厢走到最后一节车厢的准备，可是每次他都用不着走到最后就会发现空位。他说，这是因为像他这样锲而不舍找座位的乘客实在不多。在他落座的车厢里经常尚余若干座位，而其他车厢的过道和车厢接头处依然人满为患。他说，多数乘客被拥挤的表象迷惑了。其实在火车多次上下乘客之后，可能会有不少空座。这些不愿主动找座位的乘客大多只能在上车时的落脚之处一直站到下车。

分享讨论：

为什么张三总能找到座位？是什么支撑着他找到最后？

师生总结：

很多人失败并不是因为他们缺少才华，而是因为他们选择了放弃。有时，成功和失败只在一念之间，这一念就是放弃还是坚持。自信、执着、富有远见并不懈坚持，会让你永远握有人生之旅的坐票。

三、意志力测试

填写以下问卷。问卷中的 20 道题，每题有 5 个备选答案。请根据自己的实际情况选择 1 种（只能选择 1 种）。

（1）我很喜爱长跑、长途旅行、爬山等体育运动，并不是因为我的身体条件适合这些项目，而是因为它们能锻炼我的意志力。

很同意　比较同意　说不准　不大同意　不同意

（2）我给自己订的计划因为主观原因不能如期完成。

这种情况很多　较多　不多不少　较少　没有

（3）如果没有特殊原因，我每天按时起床，不睡懒觉。

很同意　比较同意　说不准　不大同意　不同意

（4）制订计划应有一定的灵活性，如果完成计划有困难随时可以改变或撤销它。

很同意　比较同意　说不准　不大同意　不同意

（5）在学习和娱乐发生冲突时，哪怕这项娱乐活动很有吸引力，我也会决定马上去学习。

经常如此　比较经常　时有时无　较少如此　不是如此

（6）学习或工作中遇到困难的时候，最好的办法是立即向师长、同事或同学求援。

同意　比较同意　无所谓　不大同意　反对

（7）在长跑中觉得跑不动时，我会咬紧牙关，坚持到底。

经常如此　较常如此　时有时无　较少如此　不是如此

（8）我常因读一本引人入胜的小说而不能按时睡觉。

经常有　较多　时有时无　较少　没有

（9）我在做一件应该做的事之前，常能想到做与不做的不同结果，而有目的地去做。

经常如此　较常如此　时有时无　较少如此　并非如此

（10）如果对一件事不感兴趣，那么不管它是什么事，我的积极性都不高。

经常如此　较常如此　时有时无　较少如此　并非如此

（11）当我同时面临一件该做的事和一件不该做却吸引我的事时，我常常经过激烈的思想斗争，让前者占上风。

是　有时是　是与非之间　很少这样　不是

（12）有时我躺在床上，下决心第二天要做一件重要的事情（如突击学外语），但到第二天，这种劲头又消失了。

常有　较常有　时有时无　较少　没有

（13）我能长时间做一件重要但枯燥无味的事情。

是　有时是　是与非之间　很少这样　不是

（14）生活中遇到复杂情况时，我常常优柔寡断，举棋不定。

常有　有时有　时有时无　很少有　没有

（15）做一件事之前，我首先想的是它的重要性，其次才想它是否使我感兴趣。

是　有时是　是与非之间　很少是　不是

（16）我遇到困难情况时，常常希望别人帮我拿主意。

是　有时是　是与非之间　很少是　不是

（17）我决定做一件事时，常常说干就干，绝不拖延或让它落空。

是　有时是　是与非之间　很少是　不是

（18）在和别人争吵时，虽然明知不对，我却忍不住说一些过头话，甚至骂他几句。

时常有　有时有　有时无　很少有　没有

（19）我希望做一个坚强的有意志力的人，因为我深信“有志者，事竟成”。

是　有时是　是与非之间　很少是　不是

（20）我相信机遇，好多事实证明，机遇的作用有时大大超过人的努力。

是　有时是　是与非之间　很少是　不是

【计分与评价】

（1）凡单号题（1、3、5……），每题后面的五种回答，从第 1 项到第 5 项依次记 5 分、4 分、3 分、2 分、1 分。凡双号题（2、4、6……），每题后面的五种回答，从第 1 项到第 5 项依次记 1 分、2 分、3 分、4 分、5 分。

（2）20 道题得分之和与意志品质的关系如下：81 ~ 100 分，说明你的意志很坚强；61 ~ 80 分，说明你的意志较坚强；41 ~ 60 分，说明你的意志品质一般；21 ~ 40 分，说明你的意志较薄弱；0 ~ 20 分，说明你的意志很薄弱。

分享讨论：

说说能体现自己意志力的故事，吸取同组成员的经验，弥补自己的不足。

四、小组比赛

1. 比赛内容

各小组内部进行比赛，项目有静坐（眼睛睁开）、举臂、金鸡独立、深蹲。比赛规则：前三个项目以坚持时间最长者为胜，深蹲项目以 1 分钟内个数最多者为胜。每组各项目的胜者分别进行比赛，最后产生 4 个项目的冠军。

2. 小组分享自我提升

（1）各小组成员分享比赛时自己的心理活动。

（2）各项目冠军分享自己获奖的心情和比赛过程中的心理变化。

五、教师寄语

意志坚强的人，无论是学习还是工作都会有始有终，并保证各项活动获得高质量的结果。生命之花的绽放不是一蹴而就的，更不是一帆风顺的。生命之花必须在痛苦的泪水中孕育，在忍耐的土壤里生根，在等待的岁月中发芽，在坚守的季节里开放。它必须忍受无数次量变的痛苦，才能升华到质变的美丽。

活动延伸

制订磨炼意志的计划（为期 2 个月），并发布在自己的朋友圈（微信、QQ、微博等），

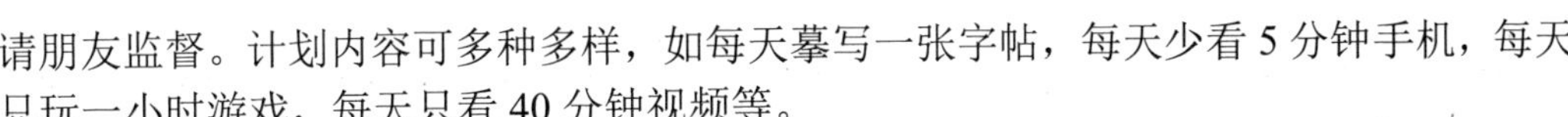

请朋友监督。计划内容可多种多样，如每天摹写一张字帖，每天少看5分钟手机，每天只玩一小时游戏，每天只看40分钟视频等。

活动反馈

（1）以“磨我志，我能行”为题，每人写一篇学习心得，要求100字以上。

（2）以坚持向着目标努力为主题做一期“学习园地”，在班内展示。

活动评价

针对学生完成活动的情况，填写课堂表现测评表和每月行为表现测评表。

课堂表现测评表

测评项目	分值	自我评分	小组评分	教师评分
课堂出勤	20			
发言积极性	20			
课堂过程参与度	20			
团队合作表现	20			
完成测试情况	20			

每月行为表现测评表

<table>
<tr><th>测评项目</th><th colspan="2">分值</th><th>自我评分</th><th>小组评分</th><th>教师评分</th></tr>
<tr><td>上课没玩手机</td><td colspan="2">20</td><td></td><td></td><td></td></tr>
<tr><td>没有吸烟</td><td colspan="2">20</td><td></td><td></td><td></td></tr>
<tr><td>没有喝酒</td><td colspan="2">20</td><td></td><td></td><td></td></tr>
<tr><td>不去网吧</td><td colspan="2">10</td><td></td><td></td><td></td></tr>
<tr><td>参加体育锻炼情况</td><td colspan="2">10</td><td></td><td></td><td></td></tr>
<tr><td>参加劳动情况</td><td colspan="2">10</td><td></td><td></td><td></td></tr>
<tr><td>仪容仪表</td><td colspan="2">10</td><td></td><td></td><td></td></tr>
<tr><td>基本分合计</td><td colspan="2">100</td><td></td><td></td><td></td></tr>
<tr><td>加分项（每次加3～5分）：
1. 好人好事
2. 参加志愿者服务或各种公益活动
3. 协助班主任或学生科完成临时工作
4. 及时向班主任反映并主动协助处理班级突发事件，避免事态扩大（加20分）
5. 参加比赛获奖
6. 其他</td><td>加分理由</td><td>加分值</td><td></td><td></td><td></td></tr>
<tr><td>减分项（每次减3～5分）：
1. 对他人有语言、文字或行动上的不文明行为（严重的减10～20分）
2. 违反考勤纪律（按具体考勤制度减分）</td><td>减分理由</td><td>减分值</td><td></td><td></td><td></td></tr>
</table>

续表

测评项目	分值		自我评分	小组评分	教师评分
	减分理由	减分值			
3．违反仪容仪表的规定 4．违反考场纪律 5．抽烟、酗酒、打架、私自乱拉电线或违规使用电器（严重的每次减 20 分） 6．破坏公物，拒绝赔偿（每次减 20 分） 7．其他					

第二部分　综合实践活动

本部分将展示学校每年开展的常规活动方案，作为培养学生的人格和行为修养的辅助资料。

活动一　田径运动会

（××市××职业学校第××届学生田径运动会方案）

为全面贯彻《中共中央国务院关于加强青少年体育增强青少年体质的意见》，落实《全民健身计划纲要》和《学校体育工作条例》，以及“健康第一”的体育课程改革精神，倡导阳光体育运动，特举办本届校园学生田径运动会。

一、目的

（1）展示班风、校风、学风、教风。
（2）体现体育课程改革成果。
（3）选拔和培育体育人才。

二、德育目标

勇敢、拼搏、顽强、合作。

三、主题

我运动，我阳光，让青春飞扬。

四、比赛时间及地点

时间：2016年11月7日全天，8日上午。
比赛地点：校本部运动场。

五、比赛项目

男子：100米跑、200米跑、400米跑、1500米跑、110米栏、跳高、跳远、三级跳远、铅球。

女子：100米跑、200米跑、400米跑、800米跑、100米栏、跳高、跳远、三级跳远、铅球。

六、参加办法

以班为单位男、女生分开报名。报名时要求每班每项最多报2人，每人最多报2项。

报名表的送交时间和办法：各班于10月21日前将填写好的报名表发送邮件到指定邮箱（文件名请统一使用“××班校运会报名表”的格式）。纸质表格10月21日16:30前交至体育组×××老师处。

注意：各班按时送交报名表，以便组委会进行校运会的编排工作。过期送交的班级视作弃权处理。

七、记分办法

（1）男、女生分开统计团体总分，分别取男、女团体总分前八名进行奖励。

（2）每个项目取前八名进行计分；第一名至第八名的分数分别为9分、7分、6分、5分、4分、3分、2分、1分。如有名次并列者，则取平均分为并列者的得分，下一名次空缺；凡破纪录者，则在该项目原有得分的基础上另加9分。

（3）所有径赛项目的预赛成绩均不带入决赛，预赛成绩只作为决赛时分组（道）的依据。

（4）决赛名额的分配。

① 径赛项目。

男、女子100米跑、200米跑、400米跑和100米栏（女）、110米栏（男）预赛均取前15名（分三组）进行决赛。决赛分组如下：预赛成绩排在第十一名至第十五名的运动员安排在第一组进行决赛；预赛成绩排在第六名至第十名的运动员安排在第二组进行决赛；预赛成绩排在第一名至第五名的运动员安排在第三组进行决赛。

男子1500米跑和女子800米跑均直接进行决赛。

② 田赛项目。

跳高、跳远、三级跳远和铅球各比赛三次，取前八名再进行三次比赛（且前八名预赛成绩计入决赛）。

八、入场式及其评比

（1）由彩旗队（45人左右）领队入场。

（2）本班学生人数在30以上（包括30人）的班级以四路纵队列队进场，30人以下的班级以三路纵队列队进场。要求全班同学参加入场仪式。入场时各班设前导员一名，班主任紧跟在本班前导员之后带队进场。

注意：入场时要严格听从入场总指挥的指引，到指定的地点集结。

（3）入场式评比内容：①队列整齐4分；②精神面貌佳3分；③全勤2分；④准时进场1分。

（4）评委的组成：由大会领导小组成员组成。

（5）奖励办法：按分数选取前八名给予奖励。

××市××职业学校
第××届学生田径运动会组委会
20××年××月××日

活动二　18岁成人宣誓活动

（“18岁青春季”成人宣誓活动方案）

为深入贯彻落实科学发展观，践行《公民道德建设实施纲要》和响应《中共中央国务院关于进一步加强和改进未成年人思想道德建设的若干意见》有关精神，进一步增强18岁青年的公民意识、责任意识、人格意识和家庭意识，引导18岁青年树立和践行社会主义核心价值观，铭记历史，缅怀先烈，珍爱和平，结合每年10月××市的成人宣誓日活动，校团委特开展“18岁青春季”成人宣誓系列活动。

一、德育目标

培养学生承担责任的意识。

二、活动形式

（一）“铭记责任”——18岁成人宣誓仪式

参加人员：年满18周岁的学生。

活动程序：

（1）年满18周岁的学生集体宣誓。

（2）新团员宣誓。

（3）6名年满18周岁学生代表发言、描述自己的梦想（两三句话概括）。

（4）校领导给学生代表颁发成人证书和团员证。

（5）校领导致辞。

（二）“读懂责任”——18岁青春故事分享活动

地点：各班课室内。

参加人员：班级全体成员。

主持人：团支书。

活动内容：

（1）晒青春记忆。全班学生分组，分享青春往事，畅谈成长体会，晒晒青春记忆。

（2）说青春态度。全班学生分组，每人发表自己对待青春的态度，分享和传播自己关于责任担当的态度。

××市××职业学校

20××年××月××日

活动三　技 能 竞 赛

（××市××职业学校第×届学生技能竞赛方案）

根据××市教育局《关于进一步完善××市中等职业学校学生职业技能竞赛的实施意见》（××教职成〔2008〕18号）的文件精神及学校2015～2016学年第二学期工作计划要求，本学期我校将举办第八届学生技能竞赛，主题为“崇尚精湛技能，铸就出彩人生”。具体方案如下。

一、竞赛目的

1. 以赛促教

竞赛围绕学生的基本技能、人文素养和综合职业能力的培养进行，通过竞赛促进学校教学水平的提高。

2. 以赛促学

通过竞赛为学生提供一个施展身手、彰显才华的平台，进一步激发学生学习技能的兴趣，丰富学生的课余生活，开拓学生的创新思维；通过竞赛树立榜样，激励学生积极向上，努力学习，在全校形成“人人争学技能，人人比拼技能”的职业教育氛围和校园文化的新亮点。

3. 以赛促改

通过竞赛进一步促进以技能为核心、以综合职业能力培养为目标的教学模式的改革，进一步深化各专业的课程改革。

4. 以赛代检

通过竞赛考查学生的专业技能水平，检验学校教学的质量。

5. 其他目的

与省市技能竞赛接轨，通过竞赛为参加省、市相关项目的竞赛挑选、储备选手。

二、德育目标

刻苦、勤练、争先。

三、竞赛项目设置

根据“广泛性原则和导向性原则”，结合学校的具体情况，竞赛项目分为基本技能类、人文素养类、专业技能类和创新类四大类，具体如下。

（一）基本技能类项目

（1）计算器操作。
（2）书法。

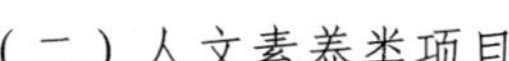

（二）人文素养类项目

（1）英语才艺秀。
（2）语言艺术。
（3）手抄报。
（4）辩论。
（5）趣味数学。
（6）应用数学。
（7）办公软件应用（非计算机专业）。

（三）专业技能类项目

专业技能类项目具体如下。

序号	项目	序号	项目
1	电力拖动系统安装与调试	18	胸卡设计
2	电机控制电路设计与安装	19	宣传单制作
3	PLC 程序设计	20	笔记本维修维护
4	电子 CAD	21	化学分析检验
5	色彩	22	微生物检验技术
6	创意素描	23	食用调香
7	手绘漫画、插画	24	印前制作
8	动漫设计与制作	25	专色油墨调配
9	机械制图	26	图形图像处理
10	计算机辅助机械绘图	27	印刷知识灯谜
11	数控铣模拟加工	28	单色套印
12	数控车削加工	29	数码印刷
13	数控铣削加工	30	传票翻打
14	车辆模型	31	点钞
15	网页制作	32	会计电算化
16	电子商务	33	手工会计
17	营销技能		

（四）创新类项目

（1）广告设计与制作。
（2）CAXA 创新设计。
（3）岭南传统工艺设计与制作。

四、竞赛组织机构

（一）领导小组

领导小组负责竞赛的总体设计、指挥、协调和工作任务的落实。

组长：×××。

副组长：×××、×××、×××。

组员：×××、×××、×××、×××、×××、×××、×××、×××、×××、×××。

（二）项目组

项目组负责各项目竞赛的组织与实施，由专业部、各教研室（组）和实训室（组）组成。项目组组长由专业部部长、室主任（或组长）担任，负责该项目的活动照片拍摄、视频素材录制，交宣传组制作成果，展现竞赛风采。项目组成员负责各竞赛项目的组织、实施。

（三）宣传组

宣传组负责竞赛前的宣传工作、决赛的场地布置和决赛后的成果展示工作。

组长：×××。

副组长：×××、×××。

摄像：×××。

摄影：×××、×××、×××、×××、×××。

撰稿：×××。

（四）后勤组

后勤组负责竞赛的后勤保障工作。

组长：×××。

副组长：×××、×××。

劳动班级：××班、××班。

五、竞赛的组织

为了在全校形成“人人争学技能，人人比拼技能”的职业教育氛围和校园文化，竞赛的宣传、发动工作分别从学校、项目组和班主任三个层面进行。

根据“广泛性原则”和教育局文件的要求，每个在校学生必须参加至少一个项目的竞赛，每个省重点建设专业的班级必须有30%以上的学生参加相应专业的项目竞赛，每个市重点建设专业的班级必须有15%以上的学生参加相应专业的项目竞赛。

六、竞赛时间

竞赛分三个阶段进行，具体时间如下。

第一阶段：准备、宣传发动。时间为3月1日～4月8日。

第二阶段：预赛阶段（4月中下旬）、决赛阶段（5月11日下午、5月13日上午）。

第三阶段：总结和表彰阶段（6月15日）。

七、竞赛奖励

（一）奖励分类

竞赛奖励分为教师奖和学生奖。

1. 教师奖

（1）最佳组织奖。按竞赛项目的10%进行奖励。

（2）成效奖。按竞赛的实际效果和成果展示评奖，奖励数不超过竞赛项目数的10%。

2. 学生奖

（1）班级优胜奖。按参赛班级数的15%奖励。

（2）个人奖。有预赛项目：进入决赛的个人均获得奖励，其中一等奖占10%，二等奖占20%，三等奖占30%，优胜奖占40%。无预赛项目：一等奖占10%，二等奖占20%，三等奖占30%。

（3）特别奖。视竞赛具体情况设置专项奖励。

（二）奖励形式

（1）证书和奖品。

（2）学分奖励（一等奖、二等奖、三等奖、优胜奖分别加2分、1.5分、1分、0.5分）。

（3）优先推荐就业。

××市××职业学校

20××年××月

活动四　艺术节活动

（××市××职业学校第××届艺术节活动方案）

为积极培育和践行社会主义核心价值观，丰富我校学生的校园文化生活，展现当代中职生的艺术素养和青春风貌，加强学生社团和校园文化建设，现决定于20××年9～12月举办“第××届艺术节”。

一、指导思想

通过举办校园文化艺术节，促进学校课内外艺术活动的开展，提高广大学生的艺术修养，以美益智、以美辅德，提高学生欣赏美和创造美的能力，充分发挥团队协助的作用，促进学生健康向上发展。

二、主题

青春在艺术中绽放。

三、德育目标

欣赏美，发现美，创造美。

四、组织机构

成立“第三十届艺术节”领导小组和评委会。

领导小组组长：×××。

副组长：×××。

组员：×××、×××、×××、×××、×××、×××、×××、×××、×××。

评委会成员：×××、×××、×××、×××、×××、×××、×××、×××、×××。

音响：×××、广播站机务组。

承办单位：学生科、团委、学生会。

五、活动项目及时间安排

（一）司仪专场

1. 比赛形式

比赛分为初赛、复赛、决赛三个阶段。初赛、复赛采取淘汰制，决赛直接选出前3名。

2. 比赛流程

1）报名

参赛选手由班级推荐或学生自荐。报名截止时间为9月28日，此环节由团委文体部、学生会文体部负责。

2）初赛

（1）要求：参赛选手每人准备一段自我介绍或演讲词，用普通话在1分钟内表演完成。共选出 12～14 名选手参加复赛。

（2）时间及地点：10 月 12 日（星期三）14:00 在校本部三号楼三楼工会活动室进行。

（3）评委：×××、×××、×××、×××、×××、×××、×××、×××（评分表略）。

3）复赛

（1）要求：参赛选手抽签组成两人小组，自行串词主持音乐专场、语言艺术类专场和舞蹈专场的节目，音乐专场选出 10 名司仪候选人，语言艺术类专场选出 8 名司仪候选人，舞蹈专场选出 6 名司仪候选人参加决赛。

（2）时间：见音乐专场、语言艺术类专场和舞蹈专场的比赛时间。

（3）评委：分别由音乐专场、语言艺术类专场和舞蹈专场的评委担任（评分表略）。

（二）音乐专场

1. 比赛形式

参赛选手表演主题思想健康、格调高雅的音乐作品，表演形式包括独唱、小组唱、大合唱、弹唱、乐器表演等，提倡有伴舞。以班级为单位参赛。

2. 比赛流程

1）报名

报名截止时间为 10 月 18 日，此环节由学生会文体部负责。

2）初赛

（1）要求：每个参赛选手（含团体）清唱或演奏至少一段作品（含高音部分），表演时间不超过 8 分钟，评委叫停时停止表演。选出 40 个选手（含团体）进入半决赛。

（2）时间及地址：10 月 26 日（星期三）13:00 在三号楼三楼工会活动室进行。

（3）评委：由上届艺术节获奖的部分学生、音乐社团骨干及部分学生干部担任评委（评分表略）。

3）半决赛

（1）要求：评选出 6～8 个节目进入决赛。具体比赛要求同初赛。

（2）时间：11 月 9 日（星期三）13:30 在三号楼三楼工会活动室进行。

（3）评委：×××、×××、×××、×××、×××、×××、×××、×××、×××（评分表略）。

（三）语言艺术类专场

1. 比赛形式

表演形式包括相声、小品、诵读、戏剧、课本剧等。

2. 比赛流程

1）报名

报名时间截至 11 月 8 日，此环节由学生会文体部负责。

2）初赛

（1）要求：作品须体现社会主义核心价值观，思想健康，形式生动，短小精悍，符合中职生的年龄特点和心理特征，反映校园学习、生活。以班级为单位参赛，每个节目的人数不宜超过 5 人，表演时间不超过 8 分钟，脱稿表演。评选出 6～8 个节目进入决赛。

（2）时间及地点：11 月 16 日 13:00 在三号楼三楼工会活动室进行。

（3）评委：×××、×××、×××、×××、×××、×××、×××、×××（评分表略）。

（四）舞蹈专场

1. 比赛形式

表演形式包括格调高雅的歌舞、健美操、造型表演、民族舞等。

2. 比赛流程

1）报名

报名截止时间为 11 月 15 日，此环节由学生会文体部负责。

2）初赛

（1）要求：参赛节目以社会主义核心价值观为主题，思想健康。以班级为单位参赛，人数不限，每个节目的演出时间不得超过 8 分钟。评选出 6～8 个节目进入决赛。

（2）时间及地点：11 月 23 日（星期三）13:00 在校本部三号楼三楼工会活动室进行。

（3）评委：×××、×××、×××、×××、×××、×××、×××、×××、×××（评分表略）。

（五）文艺会演

文艺会演是上述四个专场的决赛。各专场入围决赛的节目于 12 月 7 日（星期三）下午进行会演节目审查。12 月 23 日（星期五）开展文艺会演。地点另行通知。

总负责：×××。

舞台总监：×××、×××。

整体协调：×××、×××、×××。

音乐：×××。

司仪服装：×××。

催场：×××。

道具：×××。

保卫：×××、×××、×××、×××、×××、×××。
摄影：×××、×××。
录像：×××。
评委：×××、×××、×××、×××、×××、×××、×××、×××、×××。

（六）表彰大会

时间：下年 1 月 4 日进行总结表彰。

六、注意事项

（1）文艺节目要贯彻本届艺术节的指导思想，将社会主义核心价值观融入作品创作之中。
（2）各种文艺节目和作品要符合有关规定。
（3）排练节目和创作作品均利用课余时间，不得占用上课或自修、晚自修时间，望严格遵守。
（4）要求每班至少有一个参赛节目。
（5）为保证节目质量及公平竞争，各专场比赛每班限报 5 个节目。

七、评奖办法

1. 奖项

1）单项奖
司仪专场奖励前 3 名，音乐专场、语言艺术类专场和舞蹈专场设一等奖 1 名，二等奖 2 名，三等奖 3 名，鼓励奖若干名。
2）团体奖
团体奖积分由两部分构成。①获奖得分：一等奖及司仪专场第 1 名积 15 分，二等奖及司仪专场第 2、3 名积 10 分，三等奖及司仪专场第 4～6 名积 5 分，鼓励奖及司仪专场第 7、8 名积 2 分。经初选获准参加各专场比赛的节目或作品，表演人数在 3 人以上的可作为集体节目，舞蹈专场集体节目获奖在单项得分的基础上加 5 分。②参与分：集体节目积 3 分，个人节目积 1 分。参与分按节目数计算。
团体奖以班级为单位进行评选，按总积分排列名次，奖励前 10 名。

2. 奖励形式

为获奖作品的表演者、获团体奖的班级发放证书及奖金；对获奖作品的作者进行学分奖励（具体见学分奖励方案）。

××市××职业学校
20××年××月××日

活动五 教学场所紧急疏散演练

（××市××职业学校教学实训楼紧急疏散方案）

为贯彻落实上级教育部门关于加强校园安全教育的指示，提高师生的安全防范意识和应对突发事件的综合能力，学校决定在教学区域组织紧急疏散演练。演练将模拟学生、教职工在课室或实训楼活动时遇到突发情况（如火灾、地震等）的情景，要求师生紧急撤离。具体演练方案如下。

一、德育目标

尊重生命，学会保护。

二、时间

20××年××月××日（星期×）上午第二节课后。

三、地点

（1）××校区各教学楼、实训楼、综合楼。
（2）××校区教学楼、实训室。

四、组织机构

（一）疏散演练领导小组

组长：×××。
副组长：×××、×××、×××、×××、×××。
组员：×××、×××、×××、×××、×××、×××、×××。
职责：负责疏散演练方案的制定。

（二）疏散演练工作小组

1. 演练指挥组

组长：×××。
副组长：×××。
现场指挥：×××、×××。
组员：×××、×××、×××、×××、×××、×××、×××。
职责：负责疏散总调度。

2. 协助指挥组

协助指挥组由各班班主任和上课教师组成。职责如下。

（1）演习前讲解疏散路线和清点学生人数。
（2）带领学生撤退。
（3）到达集合场地后清点学生人数并向现场指挥汇报。
（4）到达集合场地后对学生的安全管理。

3. 消防灭火组

组长：×××、×××。
组员：保安和宿管员。
职责：负责处置火情。

4. 撤离引导组

组长：×××、×××。
组员：×××、×××、×××、×××及学生科成员。
职责：负责疏散指引和安全管理。

5. 通信联络组

组长：×××、×××。
组员：广播站成员 3 人。
职责：负责撤离现场的应急联络和宣传报道等。

6. 安全救护、防护组

组长：×××、×××。
组员：×××、×××、×××。
职责：制定救护方案，具体负责演练疏散过程中的紧急救护和伤情处置。

7. 计时小组

组长：×××、×××。
成员：×××。
职责：负责整个活动的计时。

五、演练程序

（1）发出疏散信号。

（2）撤离现场。听到报警信号后，撤离引导组迅速就位（×××老师在教学楼一楼大堂前，×××老师在学生会活动室前，×××老师在实训楼一楼主楼梯口前），指挥师生迅速有序地向操场撤离。上课教师指挥本课室学生按撤离路线迅速撤离。

（3）讲评。队伍撤离到篮球场集合，进行点评（按升旗队形）。

六、撤离顺序及路线

（一）教学楼撤离的路线

（1）教学楼八楼：801 课室、802 课室、803 课室依次从主楼梯撤离。804 课室从教学楼西楼梯撤离。

（2）教学楼七楼：701 课室（阶梯室）从实训楼东楼梯撤离；702 课室、703 课室、704 课室依次从教学楼主楼梯撤离，705 课室从教学楼西楼梯撤离。

（3）教学楼六楼至二楼：各楼层 01 课室从东楼梯撤离，03 课室、02 课室依次从 03 课室西侧通道往实训楼主楼梯撤离；04 课室、05 课室从教学楼主楼梯撤离；06 课室从课室西侧通道往实训楼西楼梯撤离；07 课室从教学楼西楼梯撤离。

从实训楼下来的师生经教学楼东侧至操场。从教学楼东楼梯下到一楼的师生经教学楼东侧至操场。从主楼梯下来的师生经 103 课室（学生会活动室）门前跑步至操场。从教学楼西楼梯下来的师生经教学楼前广场跑步至操场。

招生就业科科长在教学楼前广场负责指挥。

（二）实训楼撤离的路线

01～03 课室从实训楼东楼梯撤离，04～07 课室由西楼梯撤离，到达一楼后从教学楼东侧撤离至操场。实训楼坐班的行政人员参照 01～03 课室、04～07 课室撤离路线撤离，实训楼师生撤离由实训科科长组织。

实训科科长在实训楼一楼楼梯口前三角区负责指挥。

（三）电大教学区撤离路线

八栋 201～208 课室师生从东楼梯撤离，209～216 课室及五楼师生从西楼梯撤离，下到一楼后经七、八栋过道到足球场东侧的排球场集中。

×××老师（×××老师不在场时由其他老师顶替）负责指挥。

（四）综合楼撤离路线

一楼实习工场的师生从一楼工场正门撤离至塑胶跑道集中；二楼以工场内部楼梯为界，楼梯西面的师生从工场内楼梯撤离至操场；楼梯东面的师生从综合楼东楼梯撤离；三楼办公室从东楼梯撤离；工会活动室和会议室从西楼梯撤离；四楼财务科、校长室从东楼梯撤离；教务科和实训办公室从西楼梯撤离；五楼办公人员从东、西两楼梯撤离。各科室由科室负责人组织撤离，东楼梯由×××副主任负责，西楼梯由×××副科长负责。

（五）海珠校区撤离路线

海珠校区教学楼：各楼层 01 课室、02 课室从主楼梯下到一楼，撤往操场；03 课室、04 课室从办公楼楼梯下到一楼，撤往操场；在计算机、画室上课的班级沿办公楼楼梯下

到一楼，撤往操场；在印刷实训室实验、实训的班级，听从实训老师的安排，依最近的撤离路线撤往操场。

七、安全员设置和集结场地

（1）教学楼、实训楼每层楼楼梯口设一名安全员（上课时间由靠近梯口的课室上课老师担任，其他时间由靠近梯口的班级班长或副班长担任），每间课室设1～2名引导员，由本班的班干部担任，指挥本班学生有序离开课室并最后一个离开课室。

靠近楼梯口的上课老师迅速到达楼梯口指挥学生撤离。教学楼01课室上课老师负责东楼梯指挥，04课室上课老师负责主楼梯指挥，07课室上课老师负责西楼梯指挥。实训楼靠近楼梯口的上课老师或行政人员负责相近楼梯的疏散指挥。

（2）校内的撤离集结场地设在学校操场。教职工及各班学生集合的位置按学校升旗规定的排列顺序。各班到达操场集中后，班长配合老师迅速清点人数，并将本班撤离情况汇报给演练指挥老师。

八、演练要求

（1）出现紧急情况时，撤离组和抢救组成员要迅速赶到现场，班长（班干部）组织本班学生分前、后门从课室撤离，按撤离路线疏散。

（2）疏散过程中，严禁起哄、尖叫、推搡、从高处往下跳。

（3）到达操场后，各班迅速清点人数并向现场指挥报告（教职工以科室为单位上报）。

（4）现场指挥向组长报告，组长进行点评。

××市××职业学校

20××年××月××日

活动六　社会公益活动

（社会公益活动方案）

为进一步提高学生的思想道德素质，突出我校德育工作的社会性与公益性，帮助学生更多地关注社会，学会承担社会责任，形成良好的公民意识，校团委与学生会志愿服务部共同组织系列社会公益活动，方案如下。

一、德育目标

责任与承担，关爱与奉献。

二、系列活动

（一）关爱老人

（1）活动主题：弘扬中华民族敬老爱老的传统美德，为老人送去欢乐。

（2）活动地点：颐寿养老院。

（3）活动内容：从敬老院工作人员处了解各位老人的性格特点、生活习惯和健康状况；全体同学向老人问好，为其送上诚挚的祝福，献上慰问品；与老人互动，可与老人聊天、下棋等，为老人唱歌，各显其能；帮助老人打扫卫生；等等。

（4）要求：在教学楼大堂集合，穿着校服，行进途中保持队形，不得打闹。活动中耐心、细致，不可以大声嬉笑，尽量不要使老人有较大的身体活动及情绪波动，以避免老人出现身体不适。清扫房间时，一定要将物品放回原处，不要改变原来的布局。

（二）环保要行动

（1）活动主题：关注环保从身边做起。

（2）活动内容：减少垃圾，做好垃圾分类。

学习环保知识，从源头控制垃圾的产生，如不用一次性饭盒、多次利用草稿纸、少用纸巾等。

各班选出垃圾分类负责人，负责监督本班学生做好垃圾分类每天收集可回收垃圾，校团委学生会每月组织各班进行垃圾回收。有害垃圾统一放置到学校的定点收集桶中。

××市××职业学校

20××年××月××日

活动七　端午节活动

（我们的节日：端午节活动方案）

一、德育目标

传承和弘扬中华民族传统文化。

二、主题

品味端午，传承中华文化。

三、活动目的

（1）了解端午节的起源、文化内涵及风俗习惯等。

（2）感受中华民族传统节日的特点，激发学生热爱家乡、热爱祖国的情感。

四、活动要求

（1）由各班班主任组织本班同学，利用班会课的时间开展活动。

（2）活动建议：

① 讨论端午节的来历。

② 组织学生互动，可讨论以下问题：你知道端午节有哪些风俗吗？你家是怎样过端午节的？如何保护传统节日？

（3）其他具体事项，请各班自行完善。

××市××职业学校
20××年××月××日

活动八　学生宿舍逃生演练

（××市××职业学校学生宿舍消防逃生演练方案）

为贯彻落实市教育局保卫处关于认真做好校园消防安全工作的指示，提高全校师生应对学生宿舍突发险情的能力，特制定学生宿舍疏散预案。本预案以学生宿舍突发火情为背景（地震灾害等参照执行），以在校住宿生为疏散主体，原则是“以人为本，安全逃生”。疏散方案如下。

一、德育目标

尊重生命，学会保护。

二、组织领导

组长：×××。

副组长：×××、×××、×××、×××、×××。

组员：×××、×××、×××、×××、×××、×××、×××、×××及宿舍管理员。

三、疏散顺序及路线

五栋宿舍楼：按楼层由下到上（从一楼至八楼）的顺序撤离。男宿管员要以最快速度打开五楼通往六楼的铁门，五栋一楼铁闸门由门卫开启。

男生（二楼至五楼）：各楼层01～08号宿舍从教官值班室（五栋107室）旁边楼梯下，经原广播站北侧通道快速撤离至操场。09～17号宿舍从西楼梯（食堂一楼小卖部旁边）疏散到一楼，经花园人行道快速撤离到操场。

女生（六楼至八楼）：各楼层01～08号宿舍从东梯（宿舍女教官值班岗位）撤离到操场。09～17号宿舍从西楼梯（小卖部旁边的楼梯）撤离，经花园人行道快速撤离到操场。

七栋宿舍楼：按楼层由下到上（从二楼至三楼）的顺序沿楼梯下到一楼，再沿通道经大楼梯下到操场。

八栋宿舍楼：按楼层由下到上（从三楼至四楼）的顺序撤离。

男生（三楼至四楼）：各楼层 01～16 号宿舍从东楼梯（学生上八号楼课室的楼梯）下，沿通道撤离到操场。

17～32 号宿舍从西楼梯（学生上八号楼宿舍的楼梯）下，沿通道撤离到操场。

下楼时，成两路纵队，沿楼梯两侧下行，中间留出应急通道。

四、疏散信号

疏散信号为紧急集合哨声（连续短促急速哨音）。发出时间为 20××年××月××日 18:00。

五、情况处置

（一）学生发现火情

学生发现火情应立即发出警报，尽可能通知周围同学并报告宿舍管理员。其他学生接到火警信号后迅速关闭现场电源开关，按疏散路线撤离至安全地带。宿管员接到火警报告后，立即吹响紧急集合哨，组织学生撤离。在火势较小可控时，可一边组织学生撤离，一边使用灭火器材灭火。火势较大不可控时，应一边组织学生撤离，一边拨打 119 报警。

（二）宿管员发现火情

宿管员发现火情应立即发出火警信号。在火情较轻有把握控制时，一边使用灭火器材灭火，一边通知学生快速撤离。

（三）门卫发现火情

门卫发现火情应立即发出火警信号（连续短促紧急集合哨音），大声呼喊“着火啦”，催促学生行动，并迅速打开宿舍一楼铁闸门。当火势较大无力控制时，立即拨打 119 报警。

（四）学生撤离后的处置

学生撤离宿舍后，驻校保安队长带领宿管员逐间检查宿舍（包括洗手间），将清查结果向整队老师报告，学生科长负责整队（×××老师协助），向演练总指挥报告，总指挥负责点评。

六、要求

（1）出现火情时，值班老师和非值班门卫、宿管员要迅速赶到现场，组织学生疏散，做好安抚工作。

（2）保持镇定，不要恐慌，互相提醒，互相帮助，叫起同宿舍熟睡和正在上厕所的同学。

（3）疏散时，按规定路线快速有序撤离。用毛巾捂住口鼻，弯腰前行。若情况允许，应先弄湿毛巾。

（4）严禁推搡、拥挤、大声喧哗，严禁从楼上往下跳，小心踏空。

（5）到达集合地点后，宿舍长清点人数并向班干部报告，班干部向整队老师报告。

××市××职业学校

20××年××月××日

活动九 书信节活动

（共享经典润泽心灵——第××届中小学生书信节活动）

根据《××市教育局关于开展第十三届中小学生书信节相关活动的通知》（××教思政〔2016〕45号）部署，为确保书信节各项活动顺利进行，现制定以下活动方案。

（1）本届书信节活动主题为感恩。

（2）学生自愿参加，各班按学校安排做好信函的发放、回收和投寄工作。学生书信作品必须使用活动主办方提供的信封、信纸及明信片。

（3）学生写信/明信片，可采用中文，也可采用外文，还可结合绘画等艺术手法，主题为感恩（父母的养育之恩、师长的教育培养之恩、朋友的帮助之恩等）。正确填写收信人的姓名、地址、邮编，以及寄信人的姓名、班级、学校、邮编，确保信件能够及时准确送达并参与优秀评选活动。

（4）各班统一收集作品交校团委学生会评选。学生会按5%的比例选出优秀作品，扫描后上交教育局参加更高一级的评选。

（5）所有作品，由校团委学生会通知邮局回收后统一寄出。希望同学们踊跃参加。

××市××职业学校

20××年××月××日

参 考 文 献

安徽省中小学教师全员培训资料，2015. 一组有关心理健康的小故事[EB/OL].（2015-06-23）[2018-02-01]. http://www.cdsysyxx.com/students/xin_li/xinli_gs.html.

班哈德·毕博，2010. 有纪律的孩子更优秀[M]. 杨梦茹，译. 西安：陕西师范大学出版社.

格林，2017. 胡玮炜：用摩拜单车温暖你的城市[J]. 青年文摘（8）：18.

黄飞，2002. 惩罚微笑[EB/OL].（2002-06-03）[2018-02-01]. http://www.people.com.cn/GB/guandian/4477/20020603/743637.html.

刘玉霞，2018. 为什么要保持一颗责任心[EB/OL].（2018-03-24）[2018-04-08]. https://club.1688.com/threadview/50686308.htm.

佚名，2009. 初三政治：一念之差[EB/OL].（2009-09-22）[2018-02-01]. http://www.zhongkao.com/e/20090922/4b8bd31b77d91.shtml.

佚名，2015. 最美教师张丽莉颁奖词[EB/OL].（2015-04-17）[2018-02-01]. http://www.copyright8.com/duhougan/6777.html.

佚名，2016. 诚实守信（第一课时）[EB/OL].（2016-11-22）[2018-02-01]. https://wenku.baidu.com/view/abe4addd9fc3d5bbfd0a79563c1ec5da50e2d6ad.html.

佚名，2017. 韩红《天亮了》背后的感人故事[EB/OL].（2017-06-19）[2018-02-01]. https://www.wenjiwu.com/lizhi/zupsnni.html.

佚名，2017. 汽车维修店的店主与顾客[EB/OL].（2017-03-28）[2018-02-01]. http://www.tom61.com/ertongwenxue/yizhigushi/2017-03-28/91298.html.

佚名，2017. 减少肉食遏止地球暖化，畜牧业是造成严重环境危机最主要的元凶[EB/OL].（2017-09-30）[2018-02-01]. https://www.toutiao.com/i6471589202180964877.